以立体视觉角度观察的
计算机视觉科学新进展

杨 治 ◎ 著

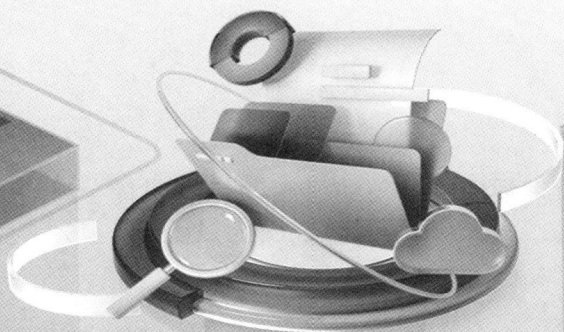

中国原子能出版社

China Atomic Energy Press

图书在版编目（CIP）数据

以立体视觉角度观察的计算机视觉科学新进展 / 杨治著 . -- 北京：中国原子能出版社 , 2022.12

ISBN 978-7-5221-2439-1

Ⅰ . ①以… Ⅱ . ①杨… Ⅲ . ①计算机视觉—研究

Ⅳ . ① TP302.7

中国版本图书馆 CIP 数据核字 (2022) 第 231705 号

以立体视觉角度观察的计算机视觉科学新进展

出版发行	中国原子能出版社（北京市海淀区阜成路 43 号 100048）
责任编辑	潘玉玲
责任印制	赵　明
印　　刷	北京天恒嘉业印刷有限公司
经　　销	全国新华书店
开　　本	787mm×1092mm　1/16
印　　张	9.25
字　　数	201 千字
版　　次	2022 年 12 月第 1 版　2022 年 12 月第 1 次印刷
书　　号	ISBN 978-7-5221-2439-1　　　　定　价　76.00 元

前　言

虽然近年来计算机视觉影像数据分析呈急剧增长趋势，但日益增长的科研需求仍与滞后的认知相矛盾。最近，一种从二维光学感受器得到物体图像的三维模型的方法受到了广泛重视，使该领域取得了突破性进展。从该方法出发，人们可以借另外一条路径或视角，深入理解原来计算机视觉领域中许多认知不清的问题。

本书就是这样一本致力于改进原有观念的书籍。传统计算机视觉平台中处于基础地位的二值分析、边缘检测、图像分割、轮廓提取等图像处理方法，以及参数曲线、虚拟空间、三维模型等图形学基本构建方式本书都不做详细解释。

本书将对以物理光学为基础的反射机制进行介绍，对以反射形成的阴影与三维特性方向进行理性分析。笔者本人是该现象的发现者（尽管之前并非由学术上所继承的方法引申出因反射得到阴影而计算立体模型这种算法框架），所以对该类方法（作者称为亮度积分法或者 luminance integration，简称 LI）及其相继承的方法（shape from shading，简称 SFS）都有所涉猎。

同时不得不提的是，该类方法和其相关的算法已经构成了一个算法族，因此运动推衍结构法（structure from motion）、多视角立体视觉（multi-view stereo，MVS）方法等将一并提及。

除此之外，本书重点提及的 LI 法本身籍由积分计算，这与籍卷积积分的卷积神经网络和深度学习有密切关系，甚至该领域的很多实验结果会反证 LI 法。因此，与深度学习相关的降维分析、概率模型等也会被一并提及。

目　录

第 1 章　光源

1.1　光反射

克莱门德(Clemomedes)和托勒密(C. Ptolemy,90—168)研究了光的折射现象,最先测定了光通过两种介质面时的入射角和折射角。罗马哲学家塞涅卡(Seneca,前3—65)指出充满水的玻璃泡具有强大功能。从阿拉伯的巴斯拉来到埃及的学者阿尔哈雷(Alhazen,965—1038)反对欧几里德和托勒密关于眼镜发出光线才能看到物体的学说,认为光线来自所观察的物体,并且光是以球面形式从光源发出的;反射和入射线共面且入射面垂直于界面;他研究了球面镜与抛物面镜,并详细描述了人眼的构造;他首先发明了凸透镜,并对凸透镜进行了实验研究,所得的结果接近于近代关于凸透镜的理论。培根(R. Bacon,1214—1294)提出透镜校正视力和采用透镜组构成望远镜的可能性,并描述了透镜焦点的位置。阿玛蒂(Armati)发明了眼镜。波特(G. B. D. Porta,1535—1615)研究了成像暗箱,并在1589年的论文《自然的魔法》中讨论了复合面镜以及凸透镜和凸透镜组的组合。综上所述,从15世纪末至16世纪初,凹透镜、凸面镜、眼镜、透镜以及暗箱和幻灯等光学元件已相继出现。

1.1.1　几何光学时期

这一时期可以称为光学发展史上的转折点。在这个时期建立了光的反射定律和折射定律,奠定了几何光学的基础。同时为了提高人眼的观察能力,人们发明了光学仪器,第一架望远镜的诞生促进了天文学和航海事业的发展,显微镜的发明给生物学的研究提供了强有力的工具。

荷兰的李普塞在1608年发明了第一架望远镜。开普勒于1611年发表了他的著作《折光学》，提出照度定律，还设计了几种新型的望远镜，并发现当光以小角度入射到界面时，入射角和折射角近似地成正比关系。折射定律的精确公式是由斯涅耳和笛卡儿提出的。1621 年，斯涅耳在他的一篇文章中指出，入射角的余割和折射角的余割之比是常数；笛卡儿约在 1630 年在《折光学》中给出了用正弦函数表述的折射定律。接着，费马在 1657 年首先指出光在介质中传播时所走路程取极值的原理，并根据这个原理推出光的反射定律和折射定律。综上所述，到 17 世纪中叶，基本上已经奠定了几何光学的基础。

关于光的本性的概念，是以光的直线传播观念为基础的，但从 17 世纪开始，就发现有与光的直线传播不完全符合的事实。意大利人格里马第首先观察到光的衍射现象，接着，胡克也观察到衍射现象，并且和波意耳独立地研究了薄膜所产生的彩色干涉条纹，这些都是光的波动理论的萌芽。

17 世纪下半叶，牛顿和惠更斯等把光的研究引向进一步发展的道路。1672年牛顿完成了著名的三棱镜色散试验，并发现了牛顿圈（但最早发现牛顿圈的却是胡克）。在发现这些现象的同时，牛顿在 1704 年出版的《光学》一书中提出了光是微粒流的理论，他认为这些微粒从光源飞出来。在真空或均匀物质内由于惯性而作匀速直线运动，并以此观点解释光的反射和折射定律。然而在解释牛顿圈时，却遇到了困难。同时，这种微粒流的假设也难以说明光在绕过障碍物之后所发生的衍射现象。惠更斯反对光的微粒说，1678 年他在《论光》一书中从声和光的某些现象的相似性出发，认为光是在"以太"中传播的波。所谓"以太"，是指一种假想的弹性媒质，充满于整个宇宙空间，光的传播取决于"以太"的弹性和密度。运用波动理论中的次波原理，惠更斯不仅成功地解释了反射和折射定律，还解释了方解石的双折射现象，但惠更斯没有把波动过程的特性给予足够的说明，没有指出光现象的周期性，也没有提到波长的概念。他的次波包络面成为新的波面的理论，没有考虑到它们是由波动按一定的位相叠加造成的。归根到底仍旧摆脱不了几何光学的观念，因此不能由此说明光的干涉和衍射等有关光的波动本性的现象。与此相反，坚持微粒说的牛顿却从他发现的牛顿圈的现象中确定光是周期性的。

综上所述，这一时期，在以牛顿为代表的微粒说占统治地位的同时，由于相继发现了干涉、衍射和偏振等光的被动现象，以惠更斯为代表的波动说被初步提出，因而这个时期可以说是几何光学向波动光学过渡的时期，是人们对光的认识逐步深化的时期。

1.1.2 波动光学时期

19 世纪是光的波动说大发展的时代。1801 年,英国物理学家托马斯·杨做了光的双缝干涉实验,并提出了波长的概念,使一度冷落的波动说有了新的发展。同时托马斯·杨圆满地解释了"薄膜颜色"和双狭缝干涉现象。1808 年,法国的马吕斯发现了光的偏振现象;1817 年,托马斯·杨提出了光的横向振动假说;1818 年,法国的土木工程师菲涅耳由光是横波的振动假说出发,证明了光的偏振及所有已知的光学现象,因而获得了当年巴黎科学院举行的科学竞赛的最佳论文奖。而且菲涅耳于同年以杨氏干涉原理补充了惠更斯原理,由此形成了今天人们所熟知的惠更斯 – 菲涅耳原理。1849 年,法国人斐索首次在地面上测量了光速,他又和另一位法国科学家傅科测定了水中的光速。1850 年 5 月 6 日,傅科在他的博士论文中宣布水中的光速比空气中的光速要小,证明了惠更斯原理的正确性,从而使人们终于理解了光是一种波动的概念。由此可圆满地解释光的干涉和衍射现象,也能解释光的直线传播。

在进一步的研究中,人们观察到了光的偏振和偏振光的干涉。为了解释这些现象,菲涅耳假定光是一种在连续媒质(以太)中传播的横波。为说明光在各种不同媒质中的不同速度,又必须假定以太的特性在不同的物质中是不同的;在各向异性媒质中还需要有更复杂的假设。此外,由于光是横波且光波的传播速度很大,所以要求"以太"是刚劲度比铁大千万倍的固体,但在其中运动又要不受任何阻力。如此性质的以太是难以想象的。

1846 年,法拉第发现光的振动面在磁场中发生旋转;1856 年,韦伯发现光在真空中的速度等于电流强度的电磁单位与静电单位的比值。他们的发现表明光学现象与磁学、电学现象间有一定的内在关系。1860 年前后,麦克斯韦指出,电场和磁场的改变不能局限于空间的某一部分,而是以等于电流的电磁单位与静电单位的比值的速度传播着,光就是这样一种电磁现象。这个结论在 1888 年为赫兹的实验所证实。

然而,这样的理论还不能说明能产生象光这样高的频率的电振子的性质,也不能解释光的色散现象。到了 1896 年,洛伦兹创立电子论,才解释了发光和物质吸收光的现象,也解释了光在物质中传播的各种特点,包括对色散现象的解释。在洛伦兹的理论中,以太是广袤无限的不动的媒质。其唯一特点是,在这种媒质中,光振动具有一定的传播速度。

随着新光源的探索,光学的研究深入到光的发生、光和物质相互作用的微观机构中,光的电磁理论又发生了一些困难。"黑体辐射"的能量按波长分布的问题,以及 1887 年赫兹发现的光电效应,用光的电磁理论不能得出正确的结论。并且,如果认为洛伦兹关于以太的概念是正确的,则可将不动的以太选作参照系,使人们能区别出绝对运动。而事实上,1876—1887 年,美国物理学家迈克尔逊和莫雷进行了搜索"以太风"的实验,但他们的实验得到了"负结果",即没有发现"以太风"的存在。得到否定的结果,表明进入了洛伦兹电子论时期,人们对光的本性的认识仍然具有片面性。

但是光的电磁论在整个物理学的发展中起着很重要的作用,它指出光恶化电磁现象的一致性,并且证明了各种自然现象之间存在着相互联系这一辩证唯物论的基本原理,使人们在认识光的本性方面向前迈进了一大步。

在此期间,人们还用多种实验方法对光速进行了多次测定。1849 年斐索(A. H. L. Fizeau,1819—1896 年)运用旋转齿轮的方法、1862 年傅科(J. L. Foucault,1819—1868 年)使用旋转镜法测定了光在各种不同介质中的传播速度。

1.1.3 量子光学时期

19 世纪末到 20 世纪初是物理学发生伟大革命的时代。从牛顿力学到麦克斯韦的电磁理论,经典物理学形成一套严整的理论体系。光学的研究深入到光的发生、光和物质相互作用的微观机构中。光的电磁理论的主要困难是不能解释光和物质相互作用的某些现象,例如炽热黑体辐射中能量随波长分布的问题,特别是 1887 年赫兹发现的光电应。

1900 年,普朗克提出了量子假说,从物质的分子结构理论中借用不连续性的概念,提出了辐射的量子论。他认为各种频率的电磁波,包括光,只能像微粒似地以一定最小份的能量发生,这种能量微粒称为量子,正比于频率,成功地解释了黑体辐射问题。光的量子称为光子。量子论不仅很自然地解释了灼热体辐射能量按波长分布的规律,而且以全新的方式提出了光与物质相互作用的整个问题。量子论不但给光学,也给整个物理学提供了新的概念,所以通常把它的诞生视为近代物理学的起点。

1905 年,爱因斯坦运用量子论解释了光电效应。他给光子做了十分明确的表示,特别指出光与物质相互作用时,光也是以光子为最小单位进行的。1905 年9 月,德国《物理学年鉴》发表了爱因斯坦的《关于运动媒质的电动力学》一文。

第一次提出了狭义相对论基本原理,文中指出,从伽利略和牛顿时代以来占统治地位的古典物理学,其应用范围只限于速度远远小于光速的情况,而他的新理论可解释与很大运动速度有关的过程的特征,根本放弃了以太的概念,圆满地解释了运动物体的光学现象。

1924 年,德布罗意创立了物质波学说。他设想每一物质的粒子都和一定的波相联系,这一假设在 1927 年为戴维孙和革末的电子束衍射实验所证实。事实上,不仅光具有波动性和微粒性(也就是波粒二象性),一切习惯概念上的实物粒子都具有这种二重性。也就是说,这是微观物质所共有的属性。1925 年,伯恩所提出的波粒二象性的概率波解释建立了波动性和微粒性之间的联系。

这样,在 20 世纪初,一方面从光的干涉、衍射、偏振以及运动物体的光学现象确证了光是电磁波;另一方面又从热辐射、光电效应、光压以及光的化学作用等无可怀疑地证明了光的量子性——微粒性。光和一切微观粒子都具有波粒二象性,这个认识促进了原子核和粒子研究的发展,也推动人们去进一步探索光和物质的本质,包括实物和场的本质问题。为了彻底认清光的本性,还要不断探索,不断前进。

从 20 世纪 60 年代起,随着新技术的出现,新的理论也不断发展,已逐步形成许多新的分支学科或边渊学科,光学的应用十分广泛。几何光学本来就是为设计各种光学仪器而发展起来的专门学科,随着科学技术的进步,物理光学也越来越显示出它的威力。例如,光的干涉目前仍是精密测量中无可替代的手段,衍射光栅则是重要的分光仪器,光谱在人类认识物质的微观结构(如原子结构、分子结构等)方面曾起了关键性的作用,人们把数学、信息论与光的衍射结合起来,发展起一门新的学科——傅里叶光学,并将其应用到信息处理、像质评价、光学计算等技术中。特别是激光的发明,可以说是光学发展史上的一个革命性的里程碑。由于激光具有强度大、单色性好、方向性强等一系列独特的性能,因此激光问世后,很快被运用到材料加工、精密测量、通信、测距、全息检测、医疗、农业等极为广泛的技术领域,并取得了优异的成绩。此外,激光还为同位素分离、储化、信息处理,受控核聚变,以及军事上的应用展现了光辉的前景。

20 世纪中叶,特别是激光问世以后,光学进入了一个新的时期,以致于成为现代物理学和现代科学技术前沿的重要组成部分。其中最重要的成就,就是发现了爱因斯坦于 1916 年预言过的原子和分子的受激辐射,并且创造了许多具体的产生受激辐射的技术。爱因斯坦研究辐射时指出,在一定条件下,如果能使受激辐射继续去激发其他粒子,造成连锁反应,雪崩似地获得放大效果,最后就可得到单色性极强的辐射,即激光。1960 年,梅曼用红宝石制成第一台可见光的激光器;同年制成氦氖激光器;1962 年产生了半导体激光器;1963 年产生了可调谐染料激光器。由于激光具有极好的单色性、高亮度和良好的方向性,所以自 1958 年发现以来,得到了迅速的发展和广泛应用,引起了科学技术的重大变化。

光学的另一个重要的分支是由成像光学、全息术和光学信息处理组成的。这一分支最早可追溯到 1873 年阿贝提出的显微镜成像理论,以及 1906 年波特为之完成的实验验证;1935 年,泽尔尼克提出位相反衬观察法,根据此方法,蔡司工厂制成了相衬显微镜,为此,泽尔尼克获得了 1953 年诺贝尔物理学奖;1948 年,伽柏提出了现代全息照相术的前身——波阵面再现原理,为此,伽柏获得了 1971 年诺贝尔物理学奖。

自 20 世纪 50 年代以来,人们开始把数学、电子技术和通信理论与光学结合起来,给光学引入了频谱、空间滤波、载波、线性变换及相关运算等概念,更新了经典成像光学,形成了所谓"傅里叶光学"。再加上激光所提供的相干光以及利思和阿帕特内克斯改进了全息术,进而形成了一个新的学科领域——光学信息处理。光纤通信就是依据该理论所获得的重要成就,它为信息传输和处理提供了崭新的技术。

现代光学本身,由强激光产生的非线性光学现象正为越来越多的人所关注。激光光谱学,包括激光喇曼光谱学、高分辨率光谱和皮秒超短脉冲,以及可调谐激光技术的出现,已使传统的光谱学发生了很大的变化,成为深入研究物质微观结构、运动规律及能量转换机制的重要手段。它为凝聚态物理学、分子生物学和化学的动态过程的研究提供了前所未有的技术。

总之,现代光学和其他学科及技术的结合,在人们的生产和生活中发挥着日益重要的作用和影响,正在成为人们认识自然、改造自然以及提高劳动生产率的越来越强有力的武器。

1.2　光源

光学实验离不开光源,对于不同实验要求,所采用的光源也不同。光源的正确选择对实验的成败和结果的准确性至关重要。

1.2.1 光源的种类

光源的种类很多,按照发光形式分为热辐射光源、气体放电光源和电致发光光源3类。

热辐射光源,即电流流经导电物体,使之在高温下辐射光能的光源,包括白炽灯和卤钨灯两种。白炽灯主要由灯头、灯丝、玻璃泡组成。灯丝用高熔点的钨丝材料绕制而成,并封入真空玻璃泡内,再充入惰性气体氩或氮,以提高灯泡的使用寿命,电流通过钨丝使之达到白炽状态从而引起热辐射发光。白炽灯具有结构简单、价格低廉、使用方便、启动迅速等优点。白炽灯发射的是连续光谱,不仅用作可见光的光源,还与透过红外线的滤光片一起使用作为红外辐射源。目前也广泛用于现代显微镜、投影仪、幻灯以及医疗仪器等光学仪器上。白炽灯的主要缺点是发光效率低,使用寿命较短,且不耐震,如需更高的亮度,一般采用卤钨灯。卤钨灯是由灯丝和耐高温的石英灯管组成的,在管内充有适量卤素和惰性气体。被蒸发的钨和卤素在管壁附近化合成卤化物,卤化物由管壁向灯丝扩散迁移,在钨丝周围形成一层钨蒸汽,一部分钨又重新回到钨丝上,这样既使钨不致沉积在管壁上,防止灯管发黑,又能有效抑制钨的蒸发,提高了发光的强度和效率。卤钨灯同白炽灯相比,具有体积小、寿命长、发光效率高等优点,但使用了石英玻璃管,故价格较贵。卤钨灯的灯丝温度较高,其发射光能的波长覆盖较宽(320~2500 nm),但紫外区很弱。通常取其波长大于350 nm的光作为可见区光源,应用于紫外可见分光光度计中。

气体放电光源,即电流流经气体或金属蒸气,使之产生气体放电而发光的光源。光学实验中常用的气体放电光源包括汞灯、钠灯、氖灯和氙灯。汞灯是利用汞放电时产生汞蒸气获得可见光的光源,分为低压汞灯、高压汞灯、超高压汞灯。汞的气压越高,汞灯的发光效率也越高,发射的光也由线状光谱向带状光谱过渡。低压汞灯主要辐射185.0 nm和253.7 nm的紫外光,常用于光谱仪的波长基准、紫外杀菌和荧光分析等;高压汞灯可见区呈带状光谱,红外区呈弱的连续光谱,常用于紫外辐照度标准、荧光分析和紫外探伤等;超高压汞灯辐射的光谱线较宽,形成连续背景,常作为点光源用于光学仪器、荧光分析和光刻技术等。钠灯是利用钠蒸气放电产生可见光的光源。钠灯分为低压钠灯和高压钠灯。低压钠灯的放电辐射集中在589.0 nm和589.6 nm的两条特征谱线上,物理实验中常取其平均值589.3 nm作为单色光源使用。高压钠灯是针对低压钠灯单色性太强,显色性很差,放电管过长等缺点而研制的。氘灯的泡壳内充有高纯度的氘气。氘灯工作时,阴极产生电子发射,高速电子碰撞氘原子,激发氘原子产生连续的紫外光谱(185 ~ 400 nm)。氘灯的紫外线辐射强度高、稳定性好、寿命长,作为连续紫外光源,广泛应用于液相色谱仪的 UV 检测器、电泳仪、紫外可见分光光度计等多种分析测试仪器中。氙灯是由充有惰性气体氙的石英泡壳内两个钨电极之间的高温电弧放电而发出强光的光源。氙灯分为长弧氙灯、短弧氙灯和脉冲氙灯。氙灯的辐射光谱是连续的,与日光的光谱能量分布接近,色温约6 000 K,亮度高,寿命可达 1 000 h。氙灯可作为连续激光光源,用于固体激光器的光泵、高速摄影和光信号源等。

电致发光光源,即在电场作用下,使固体物质发光的光源。发光二极管(LED)属于电致发光光源,是继热辐射光源及气体放电光源之后的新型光源。它由 P 型和 n 型半导体组合而成,是少数载流子在 p-n 结区的注入与复合而产生发光的一种半导体光源。它具有体积小、耗电量低、易于控制、坚固耐用、寿命长、环保等优点。发光二极管的半导体材料及其掺杂材料决定其发出光的波长和谱宽,其中谱宽是反映发光的单色性好坏的参数。光学实验中,利用 LED 作为光栅衍射、偏振光及薄透镜焦距测定实验中的照明光源,也可和有关的光敏器件一起组成光电耦合器,用于光电自动控制系统。按照两光源所发出的两束光波叠加能否干涉,将光源分为相干光源和非相干光源。以上 3 类光源发出的光波不满足相干条件,不能产生干涉现象,均为非相干光源。激光光源为相干光源,它通过激发态粒子在受激辐射作用下发光,输出光波波长从短波紫外直到远红外。激光器是一种单色性好、方向性强、亮度高、相干性好的新型光源。光学实验中常用的激光器为氦氖激光器和半导体激光器。氦氖激光器发出的波长为632. 8 nm,输出功率从几毫瓦到十几毫瓦,作为光源用于开展几何光学、物理光学以及近代光学的教学实验;半导体激光器可以获得几种不同波长的红色或绿色的激光,其中最常见的波长为 532 nm,广泛用于激光通信、光存储、激光打印、测距以及雷达等方面。

1.2.2　光源的选择

光源是光学实验不可缺少的组成部分,对于不同的实验目的,应采用不同的光源。光源的选择主要注意以下三点。首先,光源发光的光谱特性必须满足检测系统的要求。按检测的任务不同,要求的光谱范围也有所不同。例如,在目视光学系统中,一般采用可见光谱辐射比较丰富的光源;对于彩色摄影用光源,为了获得较好的色彩还原,应采用类似于日光色的光源,如卤钨灯、氙灯等。在紫外分光光度计中,通常使用氘灯、汞灯、氙灯等紫外辐射较强的光源;在光纤技术中,通常使用发光二极管和半导体激光器等光源。其次,为确保光电测试系统的正常工作,对系统采用的光源的发光强度应有一定的要求。例如,三棱镜色散曲线测绘,作小型棱镜摄谱仪和单色仪的定标曲线实验,宜选用谱线较多、有足够亮度的汞灯作光源;单缝、双缝、圆孔等衍射的光强分布曲线测绘,杨氏双缝,全息照相等实验,应用氦氖激光器。做像差观测实验,应利用亮度稍大的白炽卤钨灯。最后,选择光源还要注意不同的光电测试系统对光源的稳定性,以及光源的发光效率和空间分布要求等。

第 2 章　物体表面反射及相关明暗度

谈及物体表面对电磁波的反射,就要涉及物体本身的物理特性。其特点在于,对于不同的物体而言,其内部粒子结构将会直接反映在如何反射电磁波上:对密度大的结构,反射能力强;反之则弱。而反射能力弱的物体,有吸收电磁波的特性,这个特性反映在可见光区,就是反射光谱与入射光谱不一致,从人的角度来看,就是物体表面出现了一种叫颜色的现象。下面,我们从双向反射分布函数(bi-directional reference distribution function,简称 BRDF)入手,来谈一些关于物体表面反射后明暗度的科研话题。

2.1　物体表面特性

BRDF 定义:双向反射分布函数(bidirectional reflectance distribution function、BRDF)是一个定义光线在不透明表反射的四次元函数,基本式为 $f_r(\omega_i, \omega_r)$,这里 ω_i 是指光线的入射,ω_r 是指光线反射的方向,除此之外,还有一个 n 代表法线,这个值的意义是在 ω_r 方向的反射光线的辐射率和同一点上从 ω_i 方向射入的光线的辐射率的比值。每一个 ω 方向可以被参数化为方位角 ϕ 和天顶角 ϑ,因此 BRDF 是一个四维函数。BRDF 的单位是 sr^{-1},其中 sr 是球面度的单位。在虚拟现实世界中,为追求真实效果,人工定义 BRDF,这种以追求真实质感为目标的制作手法,在计算机图形图像特别兴趣小组(special interest group for computer GRAPHICS,简称 SIGGRAPH)的国际会议 SIGGRAPH 上首次正式与业内人士见面。但实际上,这种方法很早之前就已经出现,它是一种利用 CG 来表现素材的方法,其理论根源十分单纯。众所周知,物体的质感取决于素材光学特性及表面特性。同时,随着摄像机、灯光与物体之间相对位置的改变,质感也会发生变化。

素材的光学特性是由反射光谱和吸收光谱的特性（即不对某个特定的光谱发生反射）决定的。但是，不同的素材，在不同的条件下，其吸收光谱也会发生变化。由于素材表面存在微小的凹凸，随着观察素材的方向不同，光线的反射率也将发生变化。因此，光谱有时也会有变化。于是，我们将这种随着观察方向而发生变化的特性称为物体的光学异相性（optic-alanisotropic）。也就是说，具有光学异相性的物体，随着观察角度的不同，其色彩会发生改变，光谱的射入方式也会不同。BRDF 法就是利用了这些要素的特征，以制作逼真写实的质感为目标。

那么，充分考虑了上述光学特性之后，应如何进行具体的质感设定呢？过去的 CG 制作方法，只是通过简单调整素材的光学特性参数来进行设定。例如，为了改变光泽度，可以调整 pecular 数值；为了改变物体的色彩，可以变更 diffuse 的色彩设定；等等。此外，为了获得写实的质感，还可以利用纹理贴图（texture map）或凹凸贴图（bump map）等。这些方法在充分考虑光源或照明方向的基础上，对静止画的制作十分有效。但是，在制作动画时，摄像机、照明会在各个方向上进行移动，而 CG 制作的物体也会在场景中发生各种移动，这样，随着摄像机与照明方向的改变，就必须对物体的制作进行调整。而且，在制作凹凸贴图时，对小于 pixelsize 的表面，很难逼真地表现出它的凹凸形态。也就是说，在 bump-size 小于 pixelsize 的情况下，仅靠上述方法很难获得令人满意的效果。当然，采用原有的制作方法，也能获得近似于 BRDF 制作的质感效果。但是，变数值等参数的设定却是必不可少的。这就要求制作者必须具备丰富的参数设定经验，并且需要进行 try error 操作使得 BRDF 测定，不仅可以大大简化上述复杂的工程，而且任何人都可以轻松简便地制作出逼真的质感。从 0 开始，应用于电影、商业影像以来，影像的高品质一直是制作者追求的目标。为了使从 0 制作的影像更接近于真实，对于质感的要求是不容忽视的。下面将要介绍的便是能够使质感更为逼真的光源光度学及其测定。

2.2　光源光度学及其测量技术

灯的制造厂商很重视灯的流明，每盏卖出的灯都有额定的流明值。对于空间光分布均匀的光源来讲，额定值通常指的是总光通量（以流明为单位）。对于光学类光源，例如，抛物线型镀铝反射（PAR）灯或微型反射（MR16、MR11）灯，通常给出的额定值是光强，当然，这里总的光通量也很必要。特殊情况下，例如对于投射灯,我们考虑的主要是光的亮度。在这种情况下(在一定的寿命及光色限制下),灯的生产厂家以低成本、高光效相互竞争。灯的光电参数的测量并不复杂。有各种相互关联的方法来测量光电参数。所有的测试都要求校准,大多用标准灯来进行。光电参数间的直接转换(例如光通量和光强)相对比较难,而且容易让人搞不清楚。此外,很多测试系统并非十分稳定,即使是很短的一段时间,如几个小时,也会发生变化。光电参数测试中的不确定成分通常比其他类型测试大得多,在生产环境下,大概为5%。在这种情况下,就算是美国国家实验室提供的标准灯也有一个百分点的偏差。因而,改善生产环境下的测试规程就显得尤为重要。应减少测量中的不确定因素,以达到或接近国家实验室标准。

2.2.1 流明的定义

1979年给出了光谱辐射通量(瓦每单位波长)与光通量的关系如下。

$$\Phi_v = K_m \int \Phi_e(\lambda) V(\lambda) d\lambda \qquad (2-1)$$

这里,$V(\lambda)$ 为光谱视觉函数,最大光效为 683 lm/W,流明(lm)为光通量单位。追溯到1979年,坎德拉的定义是基于黑体的光学特性的。现在坎德拉的定义为:光源发出的频率为 540×10 Hz 的单色辐射,在给定方向上辐射强度为每立体角 1/683 W 时的光强。

2.2.2 光强定义

光强(I)指点光源在单位立体角内发出的光通量。定义如下。

$$I = \frac{d\Phi_v}{d\Omega} \qquad (2-2)$$

式中,$d\Phi_v$ 为单位立体角内的光通量,$d\Omega$ 含盖给定方向。光强的单位是坎德拉(cd,1 cd = 1 lm/sr,sr 为球面度)。给定方向上的光强是用光度计电流输出来测量的。在距灯中心给定的距离上,具有一定的角度响应率及光谱灵敏度修正片 $V(\lambda)$。光度计在相同的距离下,用标准灯校准。光通可以通对测量出的分布光强进行空间积分(求和)获得。根据公式(2-2),运用角坐标,光通量可由下式求得。

$$K_m \int_\Omega I\Omega = \int_{\phi=0}^{2\pi} \int_{\vartheta=0}^{\pi} I(\vartheta,\phi) \sin\vartheta d\vartheta d\phi \qquad (2-3)$$

式中,$d\vartheta$ 为仰角,$d\phi$ 为圆周角或方位角。

2.2.3　照度的定义

$$E_v = \frac{\mathrm{d}\Phi_v}{\mathrm{d}A} \tag{2-4}$$

式中,$\mathrm{d}\Phi_v$ 为包含给定点的单位面积上的光通量。照度的单位为勒克斯(lx,$1\ \mathrm{lx} = 1\ \mathrm{lm/m^2}$)。对测量出的空间分布照度积分(求和)可求得光通量。这种求法和前面的光强积分十分类似,但在实际生产当中很少被应用。不过,照明设计师们还是对照明系统在给定点产生的照度值很感兴趣。根据公式(2-4),在角坐标下,光通量可以写成如下形式。

$$\int_{\Lambda} E\mathrm{d}A = r^2 \int_{\phi=0}^{2\pi} \int_{\vartheta=0}^{\pi} E(\vartheta,\phi)\sin\vartheta\mathrm{d}\vartheta\mathrm{d}\phi \tag{2-5}$$

式中,$\mathrm{d}\vartheta$ 为仰角,$\mathrm{d}\phi$ 为圆周角或方位角。比较公式(2-3)和公式(2-5),很容易得出光强和照度的关系,即照度与光源和探头间的距离的平方成反比。

$$E = \frac{1}{d^2} \tag{2-6}$$

2.2.4　亮度的定义

亮度(L_v),简单定义为在给定方向上立体单位面积内的光强。

$$L_v = \frac{1}{\mathrm{d}A \cdot \cos\alpha} \tag{2-7}$$

式中,α 为面积元的法线与给定方向的夹角。亮度是一个很重要的生理量,反应为在视网膜上对光亮暗的感觉,能直接在亮度值上反映出来。

2.3　光强、照度、亮度的测量

这里,我们对两种测量手段——分度光度法和亮度测量法,做一个简单的总结。假设测量系统使用宽谱探测器,具有和 $V(\lambda)$ 相近的响应率,那么就可以拿来做光谱测量。

2.3.1　分度光度计

分度光度计通常用来测量光源光强角分度。基于光度计被校准的方式,这种装置既可以测光强也可以测量照度的角度分布。分度光度计的结构有很多种。但这些装置,都必须有两条相互垂直的轴,可以对探测器进行有控制的移动以保证其与光源中心的距离不变。仪器采用极坐标(ϑ, φ)。工厂中最常使用的是带有一面镜子的分度光度计,这样就可以测量发散光源,如直管荧光灯。

被测灯被安装在固定的燃点位置,但可以绕垂直轴旋转。灯和镜子都绕水平轴旋转。在光度计前放置一个具有可旋转开口的挡屏,能够让从光源来的直接出射光进入光度计而留下从镜子来的反射光。为了更好地阻挡直射光,挡屏的开口也做成可调的,这样就能只允许镜子的反射光通过。挡屏的开口随着镜子的移动而旋转。通常分度光度计的内部都是涂黑的。对于实验室来讲,只侧重于紧凑型光源,采用的是另一种装置,将照度计安装在旋转轴上以取代镜子。这样就不需要镜子和挡屏。最后,对于某些灯,还需要测量超过一定限区的光强,如汽车前照灯,拿掉旋转轴可以使灯在水平及垂直方向旋转。分度光度计通常拿光强标准灯(美国国家实验室提供)来定标。定标不需要旋转。使用已经定标的光度计,待测光源的光通量可以根据公式(2-3)由分布亮度值求得。因为分度光度计不像积分球那样涉及表面的反射,所以计算出的光通量比积分球更准确。唯一的不足是测量时间较长。

2.3.2　亮度测量

光源的亮度值相对很难直接测量。这是因为需要一个光学系统把光源投射到探测器而且探测器的入射孔要比光源尺寸小,以使光源的成像充满入射孔。尽管如此,接收器接收面积还是很大的,我们只能得到亮度的平均值。大部分的光源,尤其是金属卤化物灯,甚至白炽灯,光分布都是不对称的。但是探测器的校准光源必须是对称光源,例如钨带灯。因此,许多困难,在实际的操作中,比较简单易行的是先测量光强再根据光源的面积计算出亮度值。而亮度测量系统只应用于测量距离光源10 cm以上超过1度范围内的亮度值,并且要使用聚焦透镜。校准装置可以用钨带灯或者模拟球状光源。CCD相机因为具有视野小、像素多的优点,被视为理想的亮度测量工具。实际上,测量系统给出的亮度值是相对值,绝对值的测量要复杂得多。这是因为绝对值测量的定标很难,加之其他一些因素(主要是电气方面的),增加了测量的不确定度。

2.4　历史回顾

在讨论光通量测量前,先来探讨一下这种测量系统的由来。我们将对早期的光度学技术及其发展进行简要论述。最早的光度计是用来测量烛光(现在叫光强)的。其中很重要的部件是用来进行比较的两灯之间的垂直纸板,其中心带有油点。当一边照度超过另一边时,照度强的一边会看到暗斑,而照度弱的一边会看到亮斑。将纸板在标尺上前后滑动找到一个使光斑及其轮廓消失的位置,此时挡屏两边照度值相同。为了能够同时看到挡屏的两边,我们在挡屏后面倾斜安装一个反光镜。在这个测试方案中,人眼是被用来作探测器的,而测试对象是光源的单侧光强。其中一个光源为光强标准灯,而测试灯光强可以通过光源与挡屏间距比平方乘以标准灯光强来得到。这个装置的缺点是只能测量单侧光强。一个简单的解决办法是将测试灯绕垂直轴旋转,通过将测量的结果进行平均,可得到水平平均光强(或烛光)。

下一步是将待测光源置于内表面涂白的测试球的中心,球面上放置一个很小的乳白色测试窗。将待测灯出射的烛光与标准灯相比较。测试窗射出的烛光与球内平均烛光(4 个立体角内的平均光强)成比例。因此可以乘上一个常数来得到总的光通量。整个过程中,人眼观察油点与白纸的亮度差别是否消失的能力仍然是测试的基础。对于光通球的进一步改进,包括安装一个可靠的光电设备,能产生随亮度线性变化的电信号。此时,用电子光学探测仪代替原来的乳白色玻璃,可以产生利用积分球测量光通的新型方法。

2.5　总光通的测量

2.5.1　积分球原理

我们假设一个理想的球体,其中没有任何物体,其内表面上的反射涂层为理想朗博面。也就是说,反射光与角度的关系满足余弦定理。同时认为光探测器放置在满足余弦定理的表面上,这样我们就可以通过面积元(ΔA)和亮度(L),较为简单地给出球内任意位置的照度(E)。

15

$$E = \frac{L \cdot \Delta A}{4 \cdot R^2} \qquad (2-8)$$

照度 E 与球半径 R 的平方成反比,即对于给定光输出的光源,光度计信号随球径的增大而减小。另外,假设球内涂层反射率为 p,则对于光通为中的光源,由内表面反射产生的光通如下。

$$\Phi_r = \Phi \cdot (p + p^2 + p^3 + \cdots) = \Phi \cdot \frac{p}{1-p} \qquad (2-9)$$

利用公式(2-4),由内表面反射产生的照度(E)如下。

$$\frac{\Phi_r}{4\pi R^2} = \frac{\Phi \cdot p}{(1-p) \cdot 4\pi R^2} \qquad (2-10)$$

积分球的光输出定义为积分球(探测器)限度与光源光通之比,即 Ed,从公式(2-10)可见,积分球的光输出随着反射率的增长而迅速增长(对于 $p=0.80$ 至 $p=0.98$ 有 10 倍的增长),而且对于平均反射率的微小变化,在光输出上会产生放大效应。如果平均反射率较高,积分球对各种效应会非常敏感,例如光源的自吸收,涂层对温度的敏感性以及涂层的污染等。光谱反射率的变化也会被放大,从而使光谱不匹配,校正更为困难。然而,当对空间强度分布不同的光源进行测量时,如果积分球表面的反射率降低,其空间积分能力将会下降,且空间不均匀误差也会相应增加。实际积分球的光输出一般要比利用测量得到的涂层反射率计算的值低,这是由于球内物体(灯、灯座、光度计窗口和接点等)的吸收造成的。而且光输出也会由于球内表面的污染而减小。污染是在工厂环境下维护光通球的一个实际问题。我们在对照度进行测量,并已知光源光通的条件下,可以由公式(2-10)得出积分球表面的有效反射率。

2.5.2　积分球设计中的考虑因素

在积分球设计中有一系列需要考虑的因素,从而建立了设计的通用规则。

1. 积分球的尺寸

如果信号足够强,则积分球越大越好。大的积分球可以减小由于光源和接点吸收,以及挡屏和灯的位置等引起的误差。

2. 光通球的涂层反射率

·在空间不均匀误差小,输出较高的情况下,适用于反射率高的材料。

·在长时间稳定及其他配件影响较小的情况下,适用于反射率低的材料。

·建议反射材料的选用根据校准情况来决定。95% ～98% 反射率的材料,应用于需对自吸收及光谱不匹配经常校准的情况(多数在实验室)。

·80% ～90% 反射率的材料,应用于校准和定位不太经常的情况(多数在生产环境中)。

3. 灯座(包括插座和接线)

·采用高反射率材料喷涂。因为这些部件需要经常更换(人工),易被弄脏,所以不能用与球内涂层相同的涂料。尽管这种涂料的漫反射性能没有内涂层好,但因其耐用且易擦洗,因此成为首选材料。

·采用四线插座测量灯的电压,尤其是在定标和测量低电压灯时。

4. 挡屏

·挡屏用来防止光源的直射光进入探测器。

·尽量减小挡屏的面积,但要足以在待测光源的最大可能尺度下挡住探测器。

·将挡屏放置在离探测器 1/3 至 1/2 球径处。

这样可以使光源在探测器周围以及对面球壁上产生的阴影面积最小。由于这些阴影区域的一次反射光不能被探测器接收,在这些区域,光通球的空。

5. 辅助灯

一个外加的灯(称作辅助灯)用来修正标准灯与待测灯间自吸收的差异。对使用高反射率涂层的小光通球,这种误差还是很大的。

6. 线性光源的放置

像荧光灯这样的线性光源可以与探测器轴向垂直放置或沿探测器轴向放置。对于前一种情况,需要安装独立的(长方形)挡板,而挡板面积越大,其所带来的不确定性就越多。对于后面一种情况(轴向放置),灯座不容易从积分球的任一边配备,一般是放置在类似于单灯设备的长支架上。但这种放置方式,尤其是对于设计不规范的灯座,容易由临近区域的吸收而引起误差。

2.5.3　标准灯定标

积分球是利用标准灯进行定标的。国家级实验室,如国家标准技术研究所(NISR),可以提供各种光通标准灯。大型的光源公司为 国家实验室特别的设计,以制作标准的光度学光源。然而,多数大型的光源公司在过去的几年内已经不再进行该类生产,从而引起了优质标准灯的紧缺危机。而 Polaron(英国)和

Osram(德国)公司仍然在供应优质的标准灯。多数实验室利用国家级实验室的标准灯来建立次级标准。这些次级标准又可以被用来建立积分球日常定标所需的工作标准。

在国家级实验室与各种工业测量实验室之间或在公司内部,转移标准所用的光源应满足一定要求,比如,(GE)照明公司对次级和工作标准灯有下列分类和限制,而国家级实验室的规定则会更严格。

1. 燃点过程中光输出稳定

灯丝应与支架贴牢,最好是利用焊接技术。

2. 光输出在长时间内可重复且可再现

重复性偏差应小于 0.4%,且长期再现性偏差为 0.5%,衰减曲线呈线性说明其重复性好且寿命长。

3. 衰减率低

理想的光源在连续燃点 24 小时后,光衰应小于 1.0%。

4. 在完全立体角范围内的温度分布均匀

环形灯丝可以提供非常均匀的角度分布。待测灯在积分球内利用替换法进行测量。

2.5.4 误差的主要来源和校正方法

1. 待测(标准)灯的自吸收

这种误差可以通过安装辅助灯来解决。在空球状态下,当对每个灯的自吸收进行测量时,标准灯与待测灯的自吸收之比是很重要的因素。如果它们是相同的新光源,则这个比值一般很接近 1。对于直径约为 2 m 的积分球,自吸收的值一般为千分之几的量级。

2. 积分球的光谱不匹配

这个误差源于相乘的两个因素。一是由于光度计的相对光谱响应 $s(\lambda)$ 与光谱光效函数 $V(\lambda)$ 的相对光谱响应产生偏差。二是由于涂层光谱反射率不均匀,这直接导致了可变的光谱输出 $T_s(\lambda)$。光度计与 $V(\lambda)$ 的光谱不匹配可以用因数 f'_1 来描述。对于高技术光度计的情况,f'_1 的值约为 1.5%。高质量的光度计的因数值应小于 3%,而低质量的光度计的 f'_1 误差超过 6%。很明显,质量越高的光度计其价格也越高。另外,由涂层光谱反射引起的积分球光谱输出

也会使 f'_1 的值增加几个百分点。对于高精度的应用场合,光度计的光谱响应可以根据光通球的光谱输出进行调整。显然,待测灯与标准灯的光谱公布差别越大,其光谱不匹配误差也就越大。所以荧光灯所受到的影响会比白炽灯和 LED 大。系统总的光谱响应为如下。

$$R_s(\lambda) = T_s(\lambda) \cdot (\lambda) \qquad\qquad (2-11)$$

这可以通过对光通球相对光谱输出与已知标准的光谱特性（一般是红外标准）相比较得到。如果已知 $R_s(\lambda)$,光谱不匹配校正因数 F 可以很容易地从待测灯和标准灯的测试中得到。

3. 光通球响应的空间不均匀性

空间不均匀性主要是由于挡屏的存在而产生的。直到最近,我们还不能正确描述这种效应。然而,在测量得到的空间响应分布函数的基础上,我们利用扫描光源发明了一种新技术,从而可以计算由待测灯空间强度分布差异所引起的误差。

4. 临近区域吸收

这个误差可以由任何球内物体引起,例如靠近光源且吸收光源直射光线的灯座。临近区域吸收是不能由自吸收测量和其他技术校正的。因此物体放置的位置应与光源尽量远,同时在表面上涂以高反射率的涂层且避免坑洞。

第3章 色彩及颜色空间

第2章我们谈到：反射能力弱的物体，有吸收电磁波的特性，这个特性反映在可见光区，就是反射光谱与入射光谱不一致，从人的角度来看，就是物体表面出现了一种叫颜色的现象。

在我们以印刷品入手我们的研究之前，先看一下光学和光谱分析角度下的颜色空间：如反射谱密度为均匀分布，则实际上没有一个频段的电磁波的反射功率大于其他谱段，这样在可见光范围内，人眼或者任何生物的眼中，看到的只不过是光亮度，通常我们将其称为"白色谱"，这种反射也被称为全反射，即反射谱与入射阳光或类似光源有同样的谱段，通常我们所观察到的阳光就属于这一类；当反射后部分谱段被吸收时，呈现出来的谱被称为"彩色谱"，换句话说，在可见光区，除白色，基本上其他颜色都是因为光本身在物体表面被吸收了；若所有入射光都被吸收，则称为"黑色谱"，也就是说，不会有任何反射发生，所有光都透过物质进入其内；若光能够绝大多数穿过物质，那么称为"透光谱"或者"透明谱"，这类光谱所反映的是穿过类似玻璃的介质后打到另外一类物质上反射回来的电磁谱。传统颜色空间正是上面提到的颜色谱，而颜色空间的提出，则是利用不同谱的叠加，产生出一种"人造合成光谱"，来拟合反射谱，所以被产生出来的谱不是原反射谱。

下面我们举个例子。传统彩色印刷催生了颜色空间实际工业需求，这类实际工作分析能完整体现拟合光谱在实际生活中是如何被运用的，如数码相机或成像技术，同时这些颜色空间也扮演了无可替代的角色（尽管拟合误差时时存在）。

在传统印刷中，彩色制版是采用电子分色机完成的，由于电子分色机是封闭式，即从彩色扫描头输入到记录头输出是一次性完成的，因此不存在色彩管理问题。而彩色桌面系统，通过扫描仪摄像机等输入设备将图像输入计算机，在计算机中录入文字，进行图像处理、图文混排等，再通过图文输出机输出。彩色桌面系统是个开放性系统,系统组成灵活。也就是说,可使用甲方生产的扫描仪,使用乙方生产的显示器,使用丙方生产的照排机、打印机,等等。使用不同厂方生产设备组合成一个系统,要从扫描仪原稿输入到打样及成品输出保持图像色彩的一致性,色彩质量控制至关重要。实践经验表明,有时在显示器中看到的色彩与在印刷品中看到的色彩差别很大,因为不同扫描仪扫描同一幅图像会得到不同的色彩图像数据。不同型号显示器显示同一幅图像,也会有不同的色彩显示结果。其原因是屏幕显示的是 RGB 数据,而印刷中印刷油墨色彩是 CMYK,在 RGB 转换成 CMYK 的过程中,也会因使用的软件不同而造成差异。印刷时使用不同的油墨,得到的印刷效果也不同,甚至使用同样的油墨但使用不同的纸张,也会导致不同的结果。影响扫描输入与最终输出色彩不一致的因素有很多,甚至包括人为因素。因每个人对颜色感觉不同,即使是同一个人在不同的照明条件影响下,其感觉也是不同的。因此,图像处理系统必须进行色彩管理——使色彩再现与所使用设备无关,才能有效解决这些问题。色彩管理的主要任务是解决图像在各种色空间上的数据转换,使图像色彩在整个复制过程中失真最小。其基本思路是:选择一个与设备无关的参考颜色空间,然后对整个系统的各个设备进行特征化,最后在各个设备的颜色空间和与设备无关的参考颜色空间之间建立确定关系,从而使数据文件在各个设备之间转换时有一个确定关系。因此,认识并理解色彩管理中各色彩空间是十分重要和必要的。

在色彩管理中常用色空间模型有 RGB、Lab、XYZ、CMYK 等。RGB 系统在彩色处理系统中不可缺少表色系统,扫描仪以 RGB 度量图像,显示器以 RGB 显示图像。RGB 代表 1 个像素有红绿蓝 3 个量,取值范围为 0 ~ 255。我们知道计算机屏幕是 RGB 模式,所以图像处理软件也都用 RGB 作为图像处理模式。事实上,颜色操作在 RGB 模式下处理才有意义,但输出时必须从 RGB 空间转到 CMYK 空间。

CMYK 空间是彩色印刷、彩色扣样等彩色复制中常用的一种颜色模型。印刷时,通过青(C)、品(M)、黄(Y) - 原色油墨的不同网点面积率的叠印来表现丰富多彩的颜色和阶调。实际印刷中,一般采用青(C)、品(M)、黄(Y)、黑(BK)四色印刷,在印刷中间调至暗调增加黑版。RGB 和 CMYK 颜色空间都属于与设备相关的空间,即不同的 RGB 或 CMYK 值对应于不同的测试设备,有不同的色度值。在颜色转换过程中,如果应用设备相关色空间,可以从一个设备色空间到另一个设备色空间进行直接转换。在有多种设备可以选择的情况下,每一个设备都要有和另一个设备的转换表,工作量大,而且不利于增加新的设备。前面也提到,色彩管理中首先要选择一个与设备无关的参考颜色空间。

因此,国际照明委员会(CIE)制定了两个标准,即 CIE XYZ 和 CIE Lab,它们包含了人眼所能辨别的全部颜色。

CIE XYZ 颜色空间是 1931 年由国际照明委员会下属标准观察者分会制定的,主要是解决在 1931CIE RGB 系统中色度值出现负值的问题。在 1931CIE XYZ 系统中选择了理想三原色 X、Y、Z。X 为红原色,Y 为绿原色,Z 为蓝原色,理想三原色所形成的颜色三角形包括整个光谱轨迹,从而在匹配任何一种颜色时,X、Y、Z 三刺激值中不出现负值。这一特性也有利于 XYZ 系统与其他颜色系统的转换,且 XYZ 颜色空间与设备特性无关。但 XYZ 颜色空间也存在一些缺点,即 XYZ 颜色空间不是均匀颜色空间,因该颜色空间中任何两点之间距离即使相等也不能说明它们有相同色差。为找到一种更均匀的颜色空间,人们付出巨大努力,于 1961 年定义了 CIE Lab 颜色空间。CIE Lab 颜色空间是一种均匀颜色空间。CIE XYZ 和 CIE Lab 都是与设备无关的颜色空间,色彩管理就是利用独立的、与设备无关的物理量,沟通和推算出原稿色、屏幕色和印刷色在颜色空间的对应关系,达到颜色在视觉上的一致,从而实现不同设备之间的色彩转换。将 XYZ 或 Lab 颜色空间作为过渡色空间可以完成各种设备颜色之间的转换,还可以将设备和设备之间无穷组台转换关系转变成设备空间和标准色空间之间的一一对应关系,大大简化了匹配转换复杂性。

要使印前各环节设备产生出同样的彩色效果,需要我们建立一种标准色彩的管理系统。色彩管理的关键是依据一个标准的颜色空间,并以此为参照对复制过程中的每一个设备进行色彩校准,分别建立其色彩描述文件(profile),然后在色彩传输时用 profile 进行色彩转换,以保证同一画面的色彩在输入、显示、输出(或网络传输)中的表现效果尽可能匹配,最终使复制品与原稿色彩达到一致。色彩管理的实现途径:选配合适的色彩管理系统。

目前较为成熟的色彩管理系统有:Apple,ColorSyne 2.0、2.1(CMS),Kodak Precision CMS(KCMS),Fototune Flow,Linocolor 5.0、6.0 等。用户可以根据自己的软硬件系统配置,选配合适的色彩管理系统。以 ColorSync 2.0 CMS 为例,色彩管理系统包括以下三项。

(1)ColorSync 软件:ColoSync、ColoSyncc System Profile、ColorSyne Profile。

(2)扫描仪、显示器、照排机、打印机等不同设备的色彩特性文件(profile)。

①ViewOpen ICC 用于为显示器生成 profile 文件,它包含一套 ViewOpen ICC 程序和一个用来测量屏幕色彩的测色仪。

②ScanOpen ICC,用于为扫描仪生成 profile 文件,包含一套 Scan 0 nICC 程序和三套主要厂商 Kodak、Fuji、Agfa 的透射、反射 IT8 标准色标。

③PrintOpen ICC,为彩色打印机或印刷工艺生成 profile 文件,包含一套 PrintOpen ICC 程序和一个分光光度计。

(3)实施色彩管理的应用软件 Lincolor,有 4.1、5.0、6.0 版本:Linocolor 在 Macintosh 上,配合 Mac CTU 卡一起控制扫描仪。

CTU 是 color transform unit 的缩写,是一个颜色空间转换卡,可以使彩色数据在 RGB、CMYK 和 CLab 颜色空间之间进行快速转换。CTU 卡的计算能力很强,能使色彩转换的庞大运算工作在瞬间完成,并同步把扫描进来的图像数据从一个颜色空间转换到另一个颜色空间,以确保高质量的分色。因此,从广义上说,色彩管理系统(CMS)除了其核心软件,还应包括支持色彩管理的操作系统 ColorSync 2.0/2.1、设备特性文件(profile)、支持色彩管理的应用软件、工艺流程中所有的硬件设备、光谱测量器具、色彩管理工艺流程计划。

下面我们将正式介绍这种光谱拟合真正反射光谱的颜色空间。

为更有效处理彩色图像,我们必须定量描述图像彩色信息,建立彩色模型。彩色图像由各像素点的彩色决定,像素点可能彩色样本形成一个可能彩色集,也称彩色空间。人眼对彩色的观察和处理是一种生理和心理过程,现在还没有完全弄清楚它的原理。各种彩色模型的提出均是建立在实验基础上的。根据各彩色模型的特点和应用范围,可将彩色模型大致分为 3 类:彩色色度学模型、工业彩色模型和视觉彩色模型。

3.1　彩色色度学模型

3.1.1　颜色的三刺激理论

纯的单色光在实际生活中是少见的。人们所见到的颜色都是混合色。混合的三刺激理论基于下述假设。在眼睛的中央部位有 3 种对色彩敏感的锥状细胞。其中一种类型的锥状细胞对位于可见光谱中间位置的光波敏感,这种光波经过人的眼 – 脑视觉系统转换产生绿色感。其他两种锥状细胞对位于可见光谱的上、下端,即较长和较短波长的光波敏感,分别用于识别红色和蓝色。人眼对绿色光最敏感,而对蓝色光最不敏感。若这 3 种锥状细胞都感受到相同水平的辐射(单位时间内的能量),则眼睛看到的是白光。然而,从生理学角度看,由于眼睛仅包含 3 种不同类型的锥状细胞,因而对任意 3 种颜色适当混合均可产生白光视觉,条件是这 3 种颜色中任意两种的组合都不能生成第三种颜色。这 3 种颜色称为三原色,也称三基色。Grassman 对于彩色进行了长期的定量测量之后,提出了著名的三色调配公理,其中部分内容如下。

(1)任何一种彩色可由不多于 3 种色光的混合度调配而成。

(2)由诸色光生成的混合,其分量不能被人眼辨认。

(3)彩色混合物的亮度是其各分量的亮度和。

3.1.2 CIE-RGB 彩色模型

1931 年,国际照明委员会(CIE)制定了第一个彩色色度学模型 CIE-RGB 模型。CIE-RGB 模型是在三原色学说下建立起来的颜色模型,它把与 3 种锥状细胞对应的红色、绿色、蓝色作为 3 种基色,通过改变三原色的数量,混合出其他各种颜色。其中 $\lambda[R] = 700$ nm(红光波长),$\lambda[G] = 546.1$ nm(绿光波长),$\lambda[B] = 435.8$ nm(蓝光波长)。

3.1.3 XYZ 彩色模型

CIE-RGB 彩色模型并不能产生所有颜色。在某些情况下,颜色还会出现负值,这是实际系统无法实现的。为了克服这一缺点,CIE 于 1956 年提出了 XYZ 彩色模型。CIE-XYZ 颜色空间包含了人类能够发觉的所有颜色。其中三刺激值 X、Y、Z 是为消除色度坐标中的负值而设计的,并不代表真实物理彩色。

它与 CIE-RGB 彩色模型的转换公式如下。

$$\begin{bmatrix} X \\ Y \\ Z \end{bmatrix} = \begin{bmatrix} 0.490 & 0.310 & 0.200 \\ 0.177 & 0.813 & 0.011 \\ 0 & 0.010 & 0.990 \end{bmatrix} \cdot \begin{bmatrix} R \\ G \\ B \end{bmatrix} \qquad (3-1)$$

现定义 CIE 三刺激值的色度坐标 x, y, z 分别如下。

$$\begin{cases} x = X / (X + Y + Z) \\ y = Y / (X + Y + Z) \\ z = Z / (X + Y + Z) \end{cases} \qquad (3-2)$$

则总有 $x + y + z = 1$。这样就可以考察在 x, y, z 总量一定的情况下, 各分量对彩色效果的作用。显然, x, y, z 3 个变量中的某个变量可用另外两个变量来表示, 即只需其中任意两个变量就可以表示该色彩。x, y, z 3 个变量任选两个变量组成直角坐标系, 可在二维坐标系中表示任意色彩, 相应坐标系称为色度坐标系, x, y, z 称为色度坐标。在色度坐标系中形成的三角形色度图包括整个可见光谱轨迹。CIE 委员会最后对 XYZ 三角形的位置进行了调整, 使 3 个设想的原色 XYZ 取相等值时所生成的颜色为白色。

舌形图的外形轮廓线是灰度线, 连接舌形图两极的直线为紫色线, 可实现彩色色度位于舌形封闭曲线内部。人眼对绿光最敏感, 可感受到绿光光谱范围最宽。椭圆区域表示人眼不能分辨彩色差别的区域, 在该区域内的彩色均被视为同一种色彩, 即该椭圆区域内的各种色彩均可用同一种色彩表示, 这实际就是彩色图像彩色空间一个潜在压缩因素。

3.1.4　均匀色差彩色模型

XYZ 彩色模型的色差(两个颜色点的距离表示两种颜色的差别)分布是不均匀的, 色度图中两种颜色的色差与人眼感觉到的色差不一致。也就是说, 色度图中距离大的, 并不意味着视觉上两个颜色的差别就大。这个特点使人们在应用 CIE-XYZ 模型时十分不便。为此, 1976 年, CIE 在 XYZ 彩色模型的基础上又提出两种视觉均匀色差彩色模型 LUV 和 Lab。在这两个彩色空间模型中 L 分量和 XYZ 彩色模型中的 Y 分量一样, 都是表示图像亮度的分量。

1. LUV 彩色模型

LUV 与 XYZ 彩色模型的转换如下。

$$\begin{cases} L = 116 f(Y / Yn) - 16 \\ U = 13L(U' - U'n) \\ V = 13L(V' - V'n) \end{cases} \qquad (3-3)$$

式中

$$f(x) = \begin{cases} x^{1/3} & x > 0.008\,856 \\ 7.787x + 16/116 & x \leq 0.008\,856 \end{cases}$$

$$U' = \frac{4X}{X + 15Y + 3Z} \qquad U'_n = \frac{4X_n}{X_n + 15Y_n + 3Z_n}$$

$$V' = \frac{4X}{X + 15Y + 3Z} \qquad V'_n = \frac{4X_n}{X_n + 15Y_n + 3Z_n}$$

X_n, Y_n, Z_n 为标准白光所对应的 X、Y、Z 值。在 LUV 颜色空间中,测量两种彩色的色距可以用欧式距离来定义,如式(3-2)所示,相同距离的彩色色差与人眼的主观感觉基本一致。正如我们开始提到的,L 分量与图像的亮度有关;而在 UV 平面中,U、V 向量的模 $\sqrt{U^2 + V^2}$ 与色差相关,而 U、V 向量的相角 arctg (U/V) 则与图像的色调有关。

$$C = \sqrt[2]{(L_a - L_b)^2 + (U_a - U_b)^2 + (V_a - V_b)^2} \qquad (3-4)$$

在公式(3-4)中,C 表示两种彩色 V_a 和 V_b 的距离。当 C 约等于 2.9 时,人眼刚好能辨认这两种颜色。换句话说,当距离 $C < 2.9$ 时,两种颜色的色差是不可辨认的,被视为同一种颜色。

2. Lab 彩色模型

Lab 与 XYZ 彩色模型的转换如下。

$$\begin{cases} L = 25(1000Y/Y_n)^{1/3} - 16 & 0.01 \leqslant Y \leqslant 1 \\ a = 500[(X/X_n)^{1/3} - (Y/Y_n)^{1/3}] \\ b = 200[(Y/Y_n)^{1/3} - (Z/Z_n)^{1/3}] \end{cases} \qquad (3-5)$$

$$C = \sqrt[2]{(L_i - L_j)^2 + (U_i - U_j)^2 + (V_i - V_j)^2} \qquad (3-6)$$

式中,X_n, Y_n, Z_n 为标准白光对应的值。

在 Lab 颜色空间中,两种颜色的色距 C 可以用欧式距离来定义,如式(3-4)所示。相同距离的颜色色差与人眼的主观感觉基本一致,当 C 约等于 2.1 时,两种颜色的色差人眼刚好能辨认。与在 LUV 颜色空间相同,在 Lab 颜色模型中 L 分量与图像亮度有关,并且在 ab 平面中,a、b 向量的模与色差有关,向量的相角 arctg (a/b) 与图像的色调有关。

3.2 工业彩色模型

除了前面讨论的彩色色度学模型,在实际应用中为了和实际硬件相结合,人们提出了各种在工业上使用的彩色模型,其中最常用的是 RGB 彩色显示模型、CMYK 彩色印制模型、彩色传输模型等,具体如下。

3.2.1　RGB 彩色显示模型

RGB 彩色显示模型广泛应用于 CRT 显示器、数字扫描仪、数字摄像机和显示设备上,是当前应用最广泛的一种彩色模型。RGB 彩色显示模型可使用三维空间中第一象限的立方体来表示。

彩色立方体中有 3 个角对应于红、绿、蓝 3 种基色,分别对应 3 种基色的补色——黄、青、品红。从立方体的原点(黑色)到白色顶点的主对角线被称为灰度线,线上所有点具有相等的三分量,产生灰色影调。RGB 彩色显示模型与 CIE-RGB 模型间有线性关系。

$$
\begin{bmatrix} R_{cie} \\ G_{cie} \\ B_{cie} \end{bmatrix} = \begin{bmatrix} 1.167 & -0.146 & -0.151 \\ 0.144 & 0.753 & 0.159 \\ -0.007 & 0.059 & 1.128 \end{bmatrix} \cdot \begin{bmatrix} R \\ G \\ B \end{bmatrix} \tag{3-7}
$$

$$
\begin{bmatrix} X \\ Y \\ Z \end{bmatrix} = \begin{bmatrix} 0.607 & 0.174 & 0.201 \\ 0.298 & 0.587 & 0.114 \\ 0 & 0.066 & 0.117 \end{bmatrix} \cdot \begin{bmatrix} R \\ G \\ B \end{bmatrix} \tag{3-8}
$$

RGB 彩色显示模型是一种加色系统,主要应用于发光体,几乎大部分的监视器都采用这种彩色模型。因而,该模型在真实感图形绘制系统中得到广泛应用。在此系统中计算的任何颜色都落在 RGB 彩色立方体内。

RGB 系统的优点如下。

(1)简单。

(2)其他表色系统必须最后转化成 RGB 系统才能在彩色显示器上显示。

RGB 系统的缺点如下。

(1)RGB 空间用红、绿、蓝三原色的混合比例定义不同的色彩,使不同的色彩难以让人用准确的数值来表示,并进行定量分析。

(2)在 RGB 系统中,由于彩色合成图像信道之间相关性很高,使合成图像的饱和度偏低,色调变化不大,图像视觉效果差。

(3)人眼不能直接感觉红、绿、蓝 3 种颜色的比例,而只能通过感知颜色的亮度、色调以及饱和度来区分物体,而色调和饱和度与红、绿、蓝的关系是非线性的。

因此,在 RGB 空间中对图像进行增强处理结果难以控制。

3.2.2 CMYK 彩色印制模型

CMYK 彩色印制模型适用于印刷油墨和调色剂等实体物质产生颜色的场合,广泛应用于彩色印刷领域。CMYK 彩色印制模型是一种减色模型,色彩来源于青、品红、黄 3 种基色。这 3 种基色从照射纸上的白光中吸收一些颜色,从而改变光波产生颜色,即从白光中减去一些颜色而产生颜色,如青色是从白光中减去红色得到的;黄光是从白光中减去绿光得到的。从白色中减去所有的红色、蓝色、绿色就得到黑色,故彩色印刷设备无法产生白色,白色只能由白纸产生。CMY 与 RGB 的转换公式如下。

$$
\begin{cases}
C = 1 - R \\
M = 1 - G \\
Y = 1 - B
\end{cases}
\tag{3-9}
$$

在 CMY 颜色模式中,理论上,白纸会 100% 反射入射光,把 CMY 3 种颜色混合(100%)则会吸收所有的光,产生黑色。在实际印刷中,纸总是吸收一些光,青、洋红、黄三原色油墨难免有些杂质,因而 100% 的三原色组合形成的黑色往往呈现混浊的灰色(黑度不够)。为了弥补这一缺陷,人们在印刷中加入了黑色颜料,即 K 色,因此称为 CMYK 模型。CMY 模型也修正为 CMYK 模型。

$$
\begin{cases}
K = \min(C, M, Y) \\
C = C - K \\
M = M - K \\
Y = Y - K
\end{cases}
\tag{3-10}
$$

在该模型中,彩色图像的每个像素值用青、品红、黄和黑 4 种油墨的百分比来度量颜色,浅颜色像素的油墨百分比较低,深颜色像素油墨的百分比较高,没有油墨的情况为白色。RGB 彩色显示模型和 CMYK 彩色印制模型相比,看上去相差甚远,实质上两者是互补关系。可用颜色轮来描述这种关系。

3.2.3 彩色传输模型

彩色传输模型主要用于彩色电视机信号传输标准,主要有 YUV、YIQ 和 YCrCb 模型。它们的共同特点是都能向下兼容黑白显示器,即在黑白显示器上也能显示彩色图像,只不过显示为灰度图像。3 种彩色传输模型中,Y 分量均表示黑白亮度分量,其余分量用于显示彩色信息。

1. YUV 彩色传输模型

Y 分量代表黑白亮度信号,而 U 和 V 分别表示彩色信息,用以显示彩色图像。对于黑白显示器而言,只需利用 Y 分量进行图形显示,将彩色图像转为灰度图像。YUV 彩色模型适用于 PAL、SECAM 彩色电视系统。优点如下。

(1)亮度信号解决了彩色电视机与黑白电视机兼容的问题。

(2)大量实验表明:人眼对彩色图像细节的分辨本领比对黑白图像要低得多。因此,可用 Y 信号传递细节,用色差信号 U、V 进行大面积彩色涂抹。

YUV 彩色传输模型和 RGB 彩色显示模型的转换公式如下。

$$\begin{bmatrix} Y \\ U \\ V \end{bmatrix} = \begin{bmatrix} 0.299 & 0.587 & 0.164 \\ -0.147 & -0.287 & 0.436 \\ 0.615 & -0.515 & -0.1 \end{bmatrix} \cdot \begin{bmatrix} R \\ G \\ B \end{bmatrix} \qquad (3-11)$$

2. YIQ 彩色传输模型

1953 年,YIQ 模型被美国国家电视标准委员会(NTSC)采用为电视广播标准,它是经 YUV 模型旋转色差分量而形成的彩色空间。在该模型中,Y 轴被指定为亮度的近似;余下两轴为彩色信息,I 轴作为蓝 – 红色信号形成的橙色向量,Q 轴作为黄 – 绿信号形成的品红向量,它们尽可能地被安排选择占用很小的带宽,因此传输速率高。且 I、Q 两个向量中的任何一个都不能对应心理学上感知的量,人眼不能直接分辨。根据 CIE 定义,YIQ 彩色传输模型和 RGB 彩色显示模型的相互转化如下。

$$\begin{cases} Y = 0.299R + 0.587G + 0.114B \\ I = 0.596R - 0.275G - 0.321B = 0.736(R-Y) - 0.268(B-Y) \\ Q = 0.212R - 0.523G + 0.311B = 0.478(R-Y) + 0.413(B-Y) \end{cases}$$
$$(3-12)$$

$$\begin{bmatrix} I \\ Q \end{bmatrix} = \begin{bmatrix} \cos 33 & \sin 33 \\ -\sin 33 & \cos 33 \end{bmatrix} \cdot \begin{bmatrix} U \\ V \end{bmatrix} \qquad (3-13)$$

3. YCrCb 彩色传输模型

YCrCb 彩色传输模型是由国际电联(ITU-RBT. 601[898])制定的一个全球的数字视频标准。它主要用于两种不同电视制式(彩色和黑白)的兼容。YCrCb 模型是 YUV 彩色模型的离散形式,适用于计算机显示器。其中 Y 分量的范围为 [16,235],Cr、Cb 分量的范围为 [16,245]。与 RGB 工业模型的转换公式为:

$$\begin{bmatrix} Y \\ U \\ V \end{bmatrix} = \begin{bmatrix} 0.299 & 0.587 & 0.164 \\ -0.147 & -0.287 & 0.436 \\ 0.615 & -0.515 & -0.1 \end{bmatrix} \cdot \begin{bmatrix} R \\ G \\ B \end{bmatrix} \qquad (3-14)$$

前面讨论的彩色模型是从色度学和硬件实现的角度提出的,用户难以用它们来描述视知觉的颜色。从人眼视觉特性来看,用色调(hue)、饱和度(saturation)、亮度(illumination)来描述彩色空间能更好地与人的视觉特性相匹配。人眼彩色视觉主要包括色调、饱和度、亮度三要素。色调指的是颜色的种类,主要由光的波长决定,不同的波长呈现不同的颜色,色调也有所不同。饱和度的概念可以描述如下:假如有一桶纯红色的颜料,其对应的色度为0,饱和度为1,混入白色颜料后红色变得不再强烈,由此减少了颜色的饱和度,但颜色并没有变暗,粉红色对应的饱和度为0.5左右。随着更多的白色染料加入混合物,红色变得越来越淡,饱和度降低,最后接近于零(白色)。相反,将黑色染料加入到纯红色染料中,染料的亮度将降低(变黑),色度和饱和度将保持不变。纯色光中没有白色,饱和度最高,随着掺入的白光的增加,纯色光的饱和度将降低,若只有白光,饱和度为零。亮度指人眼感受到的光的明暗程度,光的能量越大,亮度就越高;反之,亮度越暗。

基于人眼视觉的三要素,人们建立了多种彩色模型,如 HVC 模型、HIS 模型、HLS 模型和 HSB 模型等。彩色视觉模型的优点如下。

(1)彩色视觉模型的 3 个要素相对于人的视觉分量,彼此之间相互独立(视觉心理和物理两方面),能够获得对彩色的直观表示。

(2)视觉彩色模型空间均为彩色空间,各彩色指根据主干评价均匀量化、彩色距离的大小与人眼的感觉一致。

(3)由于彩色激励均匀分布,很容易建立误差优化准则,将量化误差控制在要求的范围内。

3.2.4　HVC 彩色视觉模型

孟塞尔颜色系统是比较经典的表面色系统。它从心理学的角度,根据视觉特点制定颜色分类、定标系统。它一个三维立体模型,把各表面色的 3 种基本特性——明度、色调、饱和度,全部表示出来。立方体中每一个小方块代表一种颜色,中央轴线代表非彩色的黑白系列表面色的 10 个等级,且后来编排出了 10 个和 CIE-XYZ 系统的色度坐标(X, Y)相对应的色品图,称为孟塞尔色品卡的 CIE

色品图。离开中央轴的水平距离代表饱和度的变化。每一个水平剖面表示,在某一亮度下,色调和饱和度的分布和其他理想的视觉彩色模型相比,孟塞尔系统中饱和度最大的颜色并不在一个圆周上。

孟塞尔颜色系统的每一个水平剖面上有 10 个等角度分布的色调,主要色调和中间色调各 5 种,分别是红(R)、黄(Y)、绿(G)、蓝(B)、紫(P)、黄红(YR)、绿黄(GY)、蓝绿(BG)、紫蓝(PB)、红紫(RP),更细致的划分结果是将每一种色调再分成 10 个等级,并规定主要色调和中间色调的等级都为 5,剖面图中每一块小面积的颜色都可以用色调、亮度、饱和度这 3 个指标来表示,形式如下。

HV / C = 色调×亮度 / 饱和度

NV / = 中性色×亮度

其中,色调×亮度 / 饱和度就是我们提到的 HVC 彩色模型。

HVC 彩色模型是最早通过主观评价测试建立的均匀视觉彩色空间。在该模型中,任意两种颜色的欧式距离人眼感到的色差成正比。对人而言,HVC 彩色空间是均匀的。由 RGB 空间到 HVC 空间的转换十分复杂,最初使用查表(表的大小为 256×256×256)的方式将 RGB 数据转换为 HVC 数值,后来使用 Miya-hara 提出的一种数学转换公式,比查表相对简单,但仍然比较复杂。

3.2.5　HSB 彩色视觉模型

由于用户难以用 RGB、CMYK 等颜色系统描述知觉的颜色,于是 Smith 在 1978 年提出了面向用户的主观颜色系统 HSB 彩色视觉模型。该模型的思想完全符合画家作画的配色过程:给以纯色颜料,画家在其中掺入白色以获得色泽,掺入黑色以获得色深,如果同时调节则可以获得不同色调的颜色,这些概念之间的关系可表示成一个三角形,这个三角形仅表示单一颜色,若将表示每一纯色的三角形排列在 RGB 模型中黑白轴线的周围,就构成了一个实用的关于主观颜色的三维表示,这就是我们在 Photoshop 中熟悉的 HSB 颜色模型。假如沿 RGB 颜色立方体的主对角线,由白端到黑端看过去,它在平面上的投影将构成一个六边形,RGB 的三原色和相应的补色分别位于六边形的各个顶点上。境地个三原色的饱和度或色纯度就得到一个较小的 RGB 颜色立方体,显然这一小立方体所包含的颜色域也相应缩小,小立方体在平面上的投影生成一个小的六边形。若将 RGB 颜色立方体和其子立方体的投影沿着主对角线层层堆积,就形成了一个三维的六棱锥。

HSB 模型属于非线性色彩表示系统,HSB 颜色表示空间同人对颜色的感知相一致,且在 HSB 颜色空间中,人对色差的感知觉均匀,因此 HSB 颜色空间是适合人的视觉特性的颜色空间。但不能反映色知觉的心理规律,也不是视觉上均匀的颜色空间。

RGB 模型转换到 HSB 模型的算法如下。

```
/ * * * * * * * * * * * * * * * * * * * * * * * * *
   r、g、b 的输入值范围(0～255)
   H 的输出值范围(0～360)
   S、B 的输出值范围(0～1)

* * * * * * * * * * * * * * * * * * * * * * * * * */
#define    undefined    MAXINT
 RGBtoHSB(float r,float g,float b,float * H,float * S,float * B)

 {

 float MaxValue,MinValue,diff,Rdist,Gdist,Bdist;
 float R = r/255,float G = g/255,float B = b/255;
   if(R > = G) MaxValue = R;
   else MaxValue = G;
   if(B > MaxValue) MaxValue = B;
   if(R < = G) MinValue = R;
   else MinValue = G;
   if(B < MinValue) MinValue = B;
   diff = MaxValue-MinValue;
   * B = MaxValue * 100;
   if(MaxValue! = 0) * S = diff/MaxValue * 100;
   else * S = 0;
   if( * S = = 0) * H = undefined;
   else
   {
     Rdist = (MaxValue-R)/diff;
     Gdist = (MaxValue-G)/diff;
     Bdist = (MaxValue-B)/diff;
     if(R = = MaxValue) * H = Bdist-Gdist;
     else if(G = = MaxValue) * H = 2 + Rdist-Bdist;
```

```
    else if( B = = MaxValue)  * H = 4 + Gdist-Rdist;
     * H = * H * 60;
    if( * H < 0)  * H = * H + 360;
  }
```

3.2.6　HLS 彩色视觉模型

HLS 彩色视觉模型是 HSV 颜色模型的变形,该模型也是用色彩、亮度、饱和度来描述颜色的,它被微软公司应用于画图程序当中。其可见颜色空间是一个双六棱锥体,与 HSV 模型不同的是:HLS 模型中的最亮纯色位于 $L = 0.5$ 处。它主要用于描述发光体的颜色。Tektronix 公司用它作为图形的硬件标准。

RGB 模型转换到 HLS 模型的算法如下。

```
/ * * * * * * * * * * * * * * * * * * * * * * * * * * *
    r、g、b 的输入值范围(0 ~ 255)
    H 的输出值范围(0 ~ 360)
    L、S 的输出值范围(0 ~ 1)
     * * * * * * * * * * * * * * * * * * * * * * * * * * */
#define    undefined    MAXINT;
#define      SmallValue    0.0000001
RGBtoHLS ( float r,float g,float b,float * H,float * S,float * L)
{
    float MaxValue,MinValue,diff,Rdist,Gdist,Bdist;
    float R = r/255,float G = g/255,float B = b/255;
      if( R > = G) MaxValue = R;
      else MaxValue = G;
      if( B > MaxValue) MaxValue = B;
      if( R < = G) MinValue = R;
      else MinValue = G;
      if( B < MinValue) MinValue = B;
      diff = MaxValue-MinValue;
     * L = ( MaxValue + MinValue)/2;
if ( fabs( diff) < SmallValue)
// if ( MaxValue = = MinValue)
{ * S = 0;    * H = undefined;}
```

```
else{
if( *L < =0.5)
    *S = diff/( MaxValue + MinValue);
else
    *S = diff/(2 - MaxValue-MinValue);
    Rdist = ( MaxValue-R)/diff;
        Gdist = ( MaxValue-G)/diff;
        Bdist = ( MaxValue-B)/diff;
        if( R = = MaxValue)  *H = Bdist-Gdist;
        else if( G = = MaxValue)  *H =2 + Rdist-Bdist;
else if( B = = MaxValue)  *H =4 + Gdist-Rdist;
*H = *H *60;
if( *H <0)    *H = *H +360;
}
}
```

3.2.7　HSI 彩色视觉模型

HIS 模型是一种柱状彩色空间。它是将 RGB 立方体空间沿着黑白轴线旋转,形成一个坐标系,再将该坐标系转换为极坐标(见下面公式)。

$$I = (R + G + B)/ \sqrt{3}$$

$$\begin{bmatrix} I \\ V_1 \\ V_2 \end{bmatrix} = \begin{bmatrix} \sqrt{3}/3 & \sqrt{3}/3 & \sqrt{3}/3 \\ 0 & 1/\sqrt{2} & 1/\sqrt{2} \\ 1/\sqrt{2} & -1/\sqrt{6} & -1/\sqrt{6} \end{bmatrix} \cdot \begin{bmatrix} R \\ G \\ B \end{bmatrix} \quad (3-15)$$

$$H = \operatorname{arctg}(V_1/V_2)$$

$$S = \sqrt{V_1^2 + V_2^2}$$

3.2.8　HSY 彩色视觉模型

HSY 模型是一种彩色传输模型,传输基本的色差和亮度信号。实际上,YCrCb 传输模型、YUV 模型以及 YIQ 模型都是在 HSY 模型的基础上对色差信号进行调制和压缩后形成的电视传输标准,被用作摄像机的彩色标准。HSY 和RGB 颜色空间的变换如式(3-16)所示。

$$
\begin{cases}
Y = 0.299 \times R + 0.587 \times G + 0.114 \times B \\
Cr = R - Y \\
Cb = B - Y \\
Hue = \arctan(Cr/Cb) \\
Sat = sqr(Cr \times Cr + Cb \times Cb)
\end{cases}
\quad (3-16)
$$

上式中，Y 代表常用的亮度，它是根据美国国家电视制式委员会的 NTSC 制式推导得到的，取值范围是 0~255；色调 Hue 代表不同颜色，取值范围是 0~359；饱和度 Sat 代表颜色的深浅程度，取值范围是 0~255。

第4章 投影几何模型

4.1 相机模型

相机模型是三维重建过程中最基本的功能单元,描述光学成像原理几何关系的简化模型。其中最简单的相机模型是线性相机模型,也称针孔模型。理解相机模型首先是要了解 3 个坐标系及其之间的关系,之后再研究线性相机模型。

4.1.1 图像坐标系、摄像机坐标系与世界坐标系

要进行三维重建必进行摄像机标定。摄像机标定是指建立摄像机图像像素位置与场景点位置之间的关系,其途径是根据摄像机模型由已知特征点图像坐标求解摄像机模型参数,即从图像出发恢复出空间点三维坐标。在图像数字处理中,首先要对图像建立一个坐标系,即图像坐标系。然后对相机模型建立一个相机坐标系,以研究相机坐标系的内外参数。需要先介绍图像坐标系和相机坐标系是如何建立的,然后介绍这两种坐标系与世界坐标系之间的关系。在介绍图像坐标系前,要先说明一下齐次坐标。所谓齐次坐标是指将一个原本 $n+1$ 维的向量用一个维向量表示。例如二维点 (x, y) 用齐次坐标表示为 (h_x, h_y, h_z)。由此可以看出,一个向量齐次坐标表示不唯一,齐次坐标的 h 取值虽可不同但都表示同一个点。给出点的齐次坐标按正常化处理,就可以得出其二维笛卡儿坐标。常用齐次坐标模式是 (x, y, z),在几何意义上相当于把发生在三维空间的变换限制在 $h=1$ 平面内。

现在,许多的图形应用都涉及几何变换,例如平移、旋转、缩放等。如果以矩阵表达式来计算这些变换时,平移是矩阵相加,旋转和缩放则是矩阵相乘,引入齐次坐标的主要目的是合并矩阵运算中的乘法和加法。也就是说,齐次坐标提

供了用矩阵运算把二维、三维甚至高维空间中的一个点集从一个坐标系变换到另一个坐标系的有效方法。其次,齐次坐标可以表示无穷远点。在笛卡儿坐标系中,平行的两条直线或者两个平面是不可能相交的,因为齐次坐标可以表示无穷远点,因此可以认为平行直线也是相交的,其交点在无穷远点。

关于图像坐标系,在计算机中,摄像机采集每幅数字图像都可以表示为 M 行 N 列二维数组,即 M 行 N 列图像。其中,每一个元素被称为像素,像素值即为该图像点的灰度值或者亮度值。在图像上定义一个以像素为单位的直角坐标系 $u-0-v$,对于图像上任意一个像素点来说,都有一个唯一相对于原点像素的坐标 (u,v),实际表示像素在图像数组中的行数和列数。以图像的左上角为顶点,以上面一条边为横轴,最左侧的边为纵轴,建立直角坐标系。

由于 (u,v) 坐标以像素为单位,没有使用物理单位表示,仅能用来表示每一个像素点在图像数组中的行数和列数,无法表示出此像素点在图像中的具体几何位置。因此,还需要建立一个使用物理单位如毫米等表示的图像坐标系 $x-m-y$。原点 m 表示摄像机的光轴与图像平面的交点。一般情况下,认为光轴与图像的交点位于图像的中心位置,但是因为摄像机制作工艺等原因,事实上此交点会与图像中心存在一定的偏离误差。图中的 x 轴和 y 轴分别与图像坐标系中的 u 轴和 v 轴平行。建立的这个坐标系可实现图像中的任意一个像点都能够拥有唯一一个相对于原点的物理坐标。以 (u_0,V_0) 表示 m 点在图像坐标系 $x-m-y$ 中的坐标,任意一个像素点在 x 轴和 y 轴上的物理尺寸分别为 $\mathrm{d}x,\mathrm{d}y$,则图像中的任意一个像素,其像素坐标 $u-o-v$ 和物理图像坐标系 $x-m-y$ 的关系可表示为公式(4-1)。

$$u = \frac{x}{\mathrm{d}x} + u_0, v = \frac{y}{\mathrm{d}y} + v_0 \qquad (4-1)$$

上述坐标变换可用齐次坐标和矩阵的形式表示为式(4-2)的形式。

$$\begin{bmatrix} u \\ v \\ 1 \end{bmatrix} = \begin{bmatrix} \dfrac{1}{\mathrm{d}x} & 0 & u_0 \\ 0 & \dfrac{1}{\mathrm{d}y} & v_0 \\ 0 & 0 & 1 \end{bmatrix} \begin{bmatrix} x \\ y \\ z \end{bmatrix} \qquad (4-2)$$

式(4-1)和式(4-2)的关系如式(4-3)。

$$\begin{bmatrix} x \\ y \\ 1 \end{bmatrix} = \begin{bmatrix} dx & 0 & -u_0 dx \\ 0 & dy & -v_0 dy \\ 0 & 0 & 1 \end{bmatrix} \begin{bmatrix} u \\ v \\ 1 \end{bmatrix} \tag{4-3}$$

4.1.2 线性相机模型

摄像机拍摄到的图像上每一点的亮度与位置都与其所对应的空间中物体表面的对应点的几何位置有关,这种对应的位置关系是由光学成像的几何关系所决定的,可简化为摄像机模型表示。理想的摄像机成像模型是线性模型,或者称为针孔模型。

空间中一点 P 在摄像机坐标系下的坐标用齐次坐标表示为 $(X_c, Y_c, Z_c, 1)^T$,以物理单位表示的图像坐标系下的坐标为 (x, y),则有式(4-4)的关系。

$$y = f\frac{Y_c}{Z_c}, x = f\frac{X_c}{Z_c} \tag{4-4}$$

用矩阵乘积的形式表示上述关系,如式(4-5)所示。

$$Z_c \begin{bmatrix} x \\ y \\ 1 \end{bmatrix} = \begin{bmatrix} f & 0 & 0 & 0 \\ 0 & f & 0 & 0 \\ 0 & 0 & 1 & 0 \end{bmatrix} \begin{bmatrix} X_c \\ Y_c \\ Z_c \\ 1 \end{bmatrix} \tag{4-5}$$

应该注意的是,这里的 (x, y) 是图像中的像素点在以物理尺寸为单位下的图像坐标系下的点,与以像素为单位的图像坐标系下的像素点坐标 (u, v) 的关系可以表示为式(4-6)。

$$\begin{bmatrix} u \\ v \\ 1 \end{bmatrix} = \begin{bmatrix} \dfrac{1}{dx} & 0 & u_0 \\ 0 & \dfrac{1}{dy} & v_0 \\ 0 & 0 & 1 \end{bmatrix} \begin{bmatrix} x \\ y \\ 1 \end{bmatrix} \tag{4-6}$$

其中,(u_0, v_0) 表示以像素为单位的图像主点坐标。由式(4-5)和式(4-6)可得到摄像机坐标系下的空间点 P 坐标 $(X_c, Y_c, Z_c, 1)^T$ 与其投影点 P 坐标 (u, v) 之间的透视投影关系,如式(4-7)所示。

$$Z_c \begin{bmatrix} x \\ y \\ 1 \end{bmatrix} = \begin{bmatrix} \dfrac{1}{dx} & 0 & u_0 \\ 0 & \dfrac{1}{dy} & v_0 \\ 0 & 0 & 1 \end{bmatrix} \begin{bmatrix} f & 0 & 0 & 0 \\ 0 & f & 0 & 0 \\ 0 & 0 & 1 & 0 \end{bmatrix} \begin{bmatrix} X_c \\ Y_c \\ Z_c \\ 1 \end{bmatrix} = \begin{bmatrix} \alpha & 0 & u_0 & 0 \\ 0 & \beta & v_0 & 0 \\ 0 & 0 & 1 & 0 \end{bmatrix} \begin{bmatrix} X_c \\ Y_c \\ Z_c \\ 1 \end{bmatrix}$$

$$(4-7)$$

式中，$\alpha = f/dx$，$\beta = f/dy$，是以像素宽度与长度表示的等效矩阵，分别称为 u 轴和 v 轴的尺度因子，通常记为式（4 – 8）。

$$K = \begin{bmatrix} \alpha & 0 & u_0 \\ 0 & \beta & v_0 \\ 0 & 0 & 1 \end{bmatrix} \qquad (4-8)$$

由于 α, β, u_0, v_0 只与摄像机内部结构有关，所以称该上三角矩阵 $\boldsymbol{K}$ 为相机内部参数矩阵；R, t 分别表示相机的空间位置和方向，称为相机的外部参数。

点 $\boldsymbol{P}$ 在世界坐标系下的齐次坐标 $(X_w, Y_w, Z_w, 1)$ 与其在相机坐标系下的齐次坐标 $\boldsymbol{P}_{\mathrm{cam}} = (X_c, Y_c, Z_c, 1)$ 有式（4 – 9）的转换关系。

$$P_{\mathrm{cam}} = RP + t \qquad (4-9)$$

其中 $\boldsymbol{R}$ 是正交矩阵，表示旋转变换；$\boldsymbol{t} = (t_x, t_y, t_Z)^{\mathrm{T}}$ 表示平移变换。将式（4 – 9）用矩阵乘积形式表示为式（4 – 10）。

$$\begin{bmatrix} X_c \\ Y_c \\ Z_c \\ 1 \end{bmatrix} = \begin{bmatrix} \boldsymbol{R} & \boldsymbol{t} \\ 0^T & 1 \end{bmatrix} \begin{bmatrix} X_w \\ Y_w \\ Z_w \\ 1 \end{bmatrix} \qquad (4-10)$$

把式（4 – 10）带入式（4 – 7），可得式（4 – 11）。

$$Z_c \begin{bmatrix} x \\ y \\ 1 \end{bmatrix} = \begin{bmatrix} \alpha & s & u_0 & 0 \\ 0 & \beta & v_0 & 0 \\ 0 & 0 & 1 & 0 \end{bmatrix} \begin{bmatrix} \boldsymbol{R} & \boldsymbol{t} \\ 0^T & 1 \end{bmatrix} \begin{bmatrix} X_w \\ Y_w \\ Z_w \\ 1 \end{bmatrix} = \boldsymbol{K}[\boldsymbol{R} \mid \boldsymbol{t}] \begin{bmatrix} X_w \\ Y_w \\ Z_w \\ 1 \end{bmatrix} = \boldsymbol{P}\overline{\boldsymbol{X}} \quad (4-11)$$

其中，$\boldsymbol{P} = \boldsymbol{K}[\boldsymbol{R} \mid \boldsymbol{t}]$ 是 3×4 阶矩阵，称为相机投影矩阵。式（4 – 11）为相机投影方程，是相机标定、三维重建的基础。整个摄像机标定的目标就是通过式（4 – 11）求解出相机投影矩阵。

4.1.3　非线性相机模型

正常情况下,实际的成像过程是一个复杂的光学过程,透镜成像过程中具有不同程度的畸变,尤其是在使用广角镜头时,点 P 和 O 的连线与图像平面的交点 P_u 不再是准确的像点,而是有了一定的偏移,实际得到的像点却是 P_d,这种偏移就叫作镜头畸变。这种畸变是不可忽略的。

尤其是在现代技术不完善的情况下,而且现代的摄像机镜头都是由多片透镜组合而成的,个透镜中心与光轴是否重合,镜片与光轴是否垂直,各镜片沿光轴方向的位置偏差都会使光线偏离理论路径,照相机的镜头在设计和组装过程中都会产生误差而且这种误差是不可避免的。上一节所讨论的各种线性相机模型都是一种理想状态,仅局限于理论分析。在实际应用中,若只是讨论线性相机模型,则会产生非常大的误差,对我们的实验造成很严重的影响。所以我们要具体分析出镜头的各种畸变,包括非线性畸变、切向畸变、离心畸变和冷静畸变等内容。

非线性畸变主要由径向畸变、切向畸变、离心畸变和棱镜畸变组成,一般情况下忽略切向畸变。通过引用修正参数来反映畸变,具体关系如式(4 – 12)所示。

$$\begin{cases} x = x' + \delta_{x'}(x',y') \\ y = y' + \delta_{y'}(x',y') \end{cases} \quad (4-12)$$

式中,(x,y) 是通过小孔线性模型计算出的图像坐标,是坐标的理想值。(x',y') 为实际的图像点坐标,$\delta_{x'}$ 和 $\delta_{y'}$ 是相机的非线性畸变参数,与图像点的位置关系表示为式(4 – 13)。

$$\begin{cases} \delta_{x'}(x',y') = m_1 x(x^2 + y^2) + [q_1(3x^2 + y^2) + 2q_2 xy] + r_1(x^2 + y^2) \\ \delta_{y'}(x',y') = m_2 y(x^2 + y^2) + [q_2(3x^2 + y^2) + 2q_1 xy] + r_2(x^2 + y^2) \end{cases}$$

$$(4-13)$$

其中,$\delta_{x'}$ 与 $\delta_{y'}$ 的第一项为径向畸变项,第二项为离心畸变项,第三项为棱镜畸变项。由于生产中镜头形状有缺陷,导致拍摄时径向畸变产生。1986 年,Tsai 在其发表文章中提出:以研究非线性畸变为目的引入多个参数对相机标定进行非线性优化不明智,不但不能提高相机精度,反而会导致模型解不稳定。但学者马颂德在 1998 年指出:在相机模型中引入较多畸变参数时,标定精度会明显有所改善。若同时考虑径向畸变和切向畸变的畸变模型,可以将式(4 - 14)变为式(4 - 15)。

$$\delta_{x'}(x',y') = x'(k_1 r^2 + k_2 r^4) + 2p_1 x'y' + p_2(r^2 + 2x'^2) \quad (4-14)$$

$$\delta_{y'}(x',y') = y'(k_1 r^2 + k_2 r^4) + p_1(r^2 + 2y'^2) + 2p_2 x'y' \quad (4-15)$$

其中,$r = \sqrt{x'^2 + y'^2}$,k_1,k_2 为径向畸变系数,p_1,p_2 为切向畸变系数;线性模型的参数与非线性模型参数共同构成了非线性模型的相机内部参数。

4.2　两视图几何

4.2.1　极线几何

极线几何主要研究两个相机之间图像平面之间的投影几何关系。极线几何仅由相机内参数和两视图间的相机相对姿态所决定,和相机拍摄时的场景结构无任何关系。由相机模型知识可知,在世界坐标系中,可以用矩阵 $\boldsymbol{R}$ 和平移向量 $\boldsymbol{t}$ 定义的一个变换来表示两个相机之间的相对位置。

p 为三维空间中任意一点,p_l 和 p_r 分别为左右两个像平面上的像点,则点 p 在左右两个相机坐标系下的坐标之间的关系可表示为式(4 - 16)。

$$p_r = \boldsymbol{R}(p_l - \boldsymbol{t}) \quad (4-16)$$

两视图几何又称为对极几何,用来研究图像平面和以基线为轴的平面束的交线构成的几何关系。由空间点 p 和左右相机中心 C_l,C_r 决定的平面称为对极平面 π,则 p_l 为 pC_l 与左图像平面度交点,p_r 为 pC_r 与右图像平面的交点。同理,在对极平面 π 上,空间点 p 为连接 C_l 和 p_l 的反向投影线与连接 C_r 和 p_r 的反向投影线相交的点。左相机中心 C_l 和右相机中心 C_r 的连线称为基线。基线与左、右图像平面的交点称为极点,即图中点 p_l 和点 e_r。左、右像平面和极平面 π 各有一条交线,分别为 I_{pl} 和 I_{pr}。在搜索对应点时,不必到整幅图像上去搜索,只在这两条交线上搜索即可。假设点 p 在左图像平面上的像点为 p_l,由于极平面 π 可以用基线与 p_l 的反向投影射线来确定,且 p_r 一定位于极平面 π 上,因此它一定位于交线 I_{pr} 上。从理论上讲,确定 p_l 的对应匹配点时只需在交线 I_{pr} 上搜索像素点 p_r 即可。由于实际实验中存在误差,进行实际像素点匹配时一般应选择在交线 I_{pr} 附近的区域内进行搜索,进行一维相关匹配。其中,此处的交线 I_{pr} 称

像点 p_l 为对应在右图像平面中的对极线,同理 I_{pl} 称为像点 p_r 对应在左图像平面中的对极线。

4.2.2　单位矩阵

设在空间中存在一个平面 π 和空间中的一点 P。

其中,P_π 是点 P 在平面 π 上的投影点,p,p' 是一个图像对上的一组对应点,C 为相机光心。我们可以知道图像点对,p' 满足如下关系:$p \sim H_\pi p'$。其中 H_π 为 3×3 或者 4×4 的非奇异矩阵。在此,将 H_π 称为平面 π 在两幅图像间的单位矩阵。

1. 基本矩阵

我们在此用代数来表示基本矩阵 F 的对极几何概念,可以定义如下:假设两幅图像由位于两个不同位置的相机拍摄获得,则相机基本矩阵 F 对图像上的同名点对 $u_l \leftrightarrow u_r (p_l \leftrightarrow p_r)$ 满足式(4 - 17)。

$$u_r^{\mathrm{T}} F u_l = 0 \qquad\qquad (4 - 17)$$

或

$$p_r^{\mathrm{T}} \boldsymbol{F} p_l = 0$$

且 F 是唯一的秩为 2 的 3×3 的齐次矩阵。需要注意的是,此处的 u_l 和 u_r 均是以像素为单位的图像坐标系下的像点坐标。式(4 - 18)说明,若点 u_l 和 u_r 为同名点对,则 u_r 在对应于点 u_l 的对极线 $m_r = F u_l$ 上,即满足 $0 = u_r^{\mathrm{T}} m_r = u_r^{\mathrm{T}} F u_l$。根据此公式,由此,我们得到基本矩阵 F 具有以下性质:①$m_r = F u_l$ 是左视图上任意一点 u_l 的对极线;②$m_l = F^{\mathrm{T}} u_r$ 是右视图上任意一点 u_r 的对极线。当两个相机的投影矩阵都能够确定时,我们可以直接利用相机投影矩阵来求解相机基本矩阵。设左右两个相机的投影矩阵分别为 P_l 和 P_r,则基本矩阵可以月式(4 - 18)来计算。

$$F = [e_r] \times P_r P_l^+ \qquad\qquad (4 - 18)$$

其中,$e_r = (a_1, a_2, a_3)^T$,表示右视图上的外极点。

$$[e_r]_\times = \begin{bmatrix} 0 & -a_3 & a_2 \\ a_3 & 0 & -a_1 \\ -a_2 & a_1 & 0 \end{bmatrix} \qquad\qquad (4 - 19)$$

表示 e_r 的反对称矩阵。记号 P_l^+ 表示矩阵 P_l 的违逆,既满足 $P_l P_l^+ = I$。假设两个相机的投影矩阵分别为 $P_l = K_l[I|0]$ 和 $P_r = K_r[R|t]$,当采用左相机坐标

系作为世界坐标系时，F 矩阵可以表示为式（4 – 20）。

$$F = K_r^{-1}[t] \times RK_l^{-1} \qquad (4-20)$$

式（4 – 20）表示了基本矩阵 F 和左右两相机参数之间的数学关系。

2. 本质矩阵

本质矩阵是用来描述基本矩阵在归一化图像坐标下的特殊形式。本质矩阵比基本矩阵的自由度少，但性质有所增加。由此，我们可以很方便地用本质矩阵取代基本矩阵。

第5章 结构光运动推衍结构法三角法重建

如第4章所述,在相机内外调谐的过程中,人们发现同一物体的立体模型在不同调谐过程中具有不同的投影,得到的投像关联起来可以形成一种线性求解,于是这种本来属于物理光学调谐的基础原理和操作,最后变成了计算机视觉发展上最重要的里程碑之一。

在相机的内部参数和外部参数已知的情况下,空间点可以根据两幅图像上的匹配像点坐标利用三角法重建出来。设左右相机的相机中心分别为 C_l 和 C_r;空间点 p 在左、右图像上的像点分别是 p_l 和 p_r;连接左相机光心 C_l 和左图像上像点 p_l 的射线是 l,即 p_l 反向投影的线。在理想相机模型下,两条射线 l 和 r 相交于 p 点,我们可以通过求两条射线的交点来求得三维空间点。在这种情况下,两射线 l、r 与基线刚好构成一个三角形,因此称这种方法为三角法。实际求解时,由于噪声等影响因素的存在,两射线 l 和 r 一般不会正好相交。本文在计算时取两射线的公垂线中点 p' 作为空间点 P 的估计。若用矢量 $a\dot{p}_l(a \in \mathbf{R})$ 表示射线 l,则直线 r 就可以使用用另一个矢量表示为,其中,$\mathbf{R}$ 和 $\mathbf{t}$ 是两个相机位置间的旋转矩阵和平移向量。

$\dot{p}_l$ 和 $\dot{p}_r$ 可根据匹配点的左、右图像坐标利用相机内参求得。同时,将垂直于两条射线的距离矢量用 $\mathbf{w}$ 表示,用数学公式表示为 $c(\dot{p}_l \times \mathbf{R}^{\mathrm{T}}\dot{p}_r)(c \in \mathbf{R})$ $c(\dot{p}_l \times \mathbf{R}^{\mathrm{T}}\dot{p}_r)(c \in \mathbf{R})$,根据这些矢量的位置关系,能够得到式(5-1)。

$$a\dot{p}_l + c(\dot{p}_l \times \mathbf{R}^{\mathrm{T}}\dot{p}_r) = b\mathbf{R}^{\mathrm{T}}\dot{p}_r + t \qquad (5-1)$$

根据式(5-1),可以对参数 a、b、c 进行求解,进而可以确定空间点 p' 的三维坐标,如式(5-2)所示。

$$p' = a\dot{p}_l + \frac{1}{2}c(\dot{p}_l \times \mathbf{R}^{\mathrm{T}}\dot{p}_r) \qquad (5-2)$$

5.1　共轭梯度法

共轭梯度法是求解无约束化问题 $\min_{x \in R} f(x)$ 简洁有效的方法,可使用此方法对图像中的曲线进行精确匹配。对于既定目标函数 $\min_{x \in R} f(x)$,其中 $f: R^n \rightarrow R^1$ 是一阶可微函数,且梯度用 $g(x)$ 表示,通常使用迭代公式来求解函数的解,如式(5-3)。

$$x_{k+1} = x_k + \alpha_k q_k = \begin{cases} -g_k & k = 1 \\ -g_k + \beta_k q_{k-1} & k \geq 2 \end{cases} \qquad (5-3)$$

其中, α_k 是通过搜索算法求出的步长,是一个参数。参数 β_k 的不同对应不同的共轭梯度算法。常用的梯度算法有以下几种。

$$\beta_k^{FR} = g_k^T g_k / g_{k-1}^T g_{k-1} \qquad (5-4)$$

$$\beta_k^{CD} = -g_k^T g_k / q_{k-1}^T g_{k-1} \qquad (5-5)$$

$$\beta_k^{DY} = g_k^T g_k / q_{k-1}^T (g_k - g_{k-1}) \qquad (5-6)$$

$$\beta_k^{PRP} = g_k^T (g_k - g_{k-1}) / g_{k-1}^T g_{k-1} \qquad (5-7)$$

$$\beta_k^{HS} = \beta_k^T (g_k - g_{k-1}) / q_{k-1}^T (g_k - g_{k-1}) \qquad (5-8)$$

式(5-4)~式(5-8)中的公式确定的共轭梯度算法依次为 FR、CD、DY、PRP、HS 共轭梯度算法。

本文采用 Wolfe 算法来确定步长 α_k ,该算法的原则如下。

设 $f(x)$ 可微,取 $\mu \in (0, 1/2)$, $\sigma \in (\mu, 1)$,选取 $\alpha_k > 0$ 满足式(5-10)成立。

$$f(x_k) - f(x_k + \alpha_k q_k) \geq -\mu \alpha_k g_k^T q_k \qquad (5-9)$$

$$\nabla f(x_k + \alpha_k q_k)^T q_k \geq \sigma g_k^T q_k \qquad (5-10)$$

或者用下面更强的条件代替式(5-10)。

$$|\nabla f(x_k + \alpha_k q_k)^T q_k| \leq -\sigma g_k^T q_k \qquad (5-11)$$

式(5-11)可以保证目标函数 $f(x)$ 的值下降。所以当 $\alpha_k > 0$ 充分小时,就能够使式(5-11)成立。但是 α_k 也不能充分小,应该在保证式(5-11)成立的前提条件下,尽量增大 α_k 的值,即能够保证目标函数 $f(x)$ 能够充分下降。

5.2　结构光运动推衍结构法和三维重建模型介绍

结构光运动推衍结构法和三维重建系统主要分为两大类:一类为固定摄像

机,移动平台带动被测物体,摄像机拍摄运动物体图像;另一类为固定物体,将摄像机安置于移动平台之上,通过控制平台带动摄像机,完成对物体运动的拍摄。对比两者,前者成本低、计算难度小、精度高,故本文采取固定摄像机的形式构建。

5.2.1　三维重建系统框架

基于线结构光和运动推衍结构法的三维重建系统框架,主要由摄像机、激光投射器、移动平台和计算机组成。激光投射器发射激光,若需采用不同类型的激光,只需更换激光器;编写程序设定摄像机拍摄的时间间隔,计算机调用图像采集卡获取所拍摄的图像;计算机通过运动控制卡控制电机的转速,移动平台安装在直线导轨之上,由导轨带动平台定向移动。

其主要工作原理为:摄像机固定在上方水平支架上,因此通过一次标定便可确定摄像机参数;调整投射器的照射角度,使激光平面与被测物体表面的激光交线能被摄像机获取,固定激光投射器,使其与摄像机的位置相对固定,以便于标定激光平面参数;计算机驱动电机旋转,电机旋转从而带动移动平台做匀速水平直线运动;激光投射器投射的激光平面匀速扫过被测物体的表面,从而使每帧图像之间存在偏移量;激光交线图片被摄像机实时获取,直至完成对整个被测物体表面的扫描。根据上述步骤再结合图像处理及三维重建技术,恢复被测物体表面信息。

5.2.2　三维重建基本原理

1. 常用坐标系

为了便于描述摄像机成像过程,将坐标系分为 3 类,即图像坐标系、摄像机坐标系和世界坐标系。

(1)图像坐标系。

图像坐标系描述了图像在计算机内部存储的格式。摄像机采集的图像经图像采集卡转换为数字图像,并输入计算机。每幅数字图像以 $M \times N$ 数组形式存放入计算机内,数组中的一个元素即为图像的一个像素点,其所对应的存储值即为图像的色彩值。(u,v)代表了像素的列数与行数,没有直观上的意义,其所在的坐标系设为 $U\text{-}V$ 坐标系。为了实现其对应的物理意义,建立了以毫米为单位的图像坐标系 $X\text{-}Y$。

将摄像机光轴中心点在图像上的投影点设为图像坐标系的原点,X 轴与 U 轴平行,Y 轴与 V 轴平行,(u_0, V_0) 代表 O_1 在 U-V 坐标系下的坐标,与 dy 分别对应每个像素点在轴线 X 和 Y 上的物理尺度,则图像中的每个像素在 U-V 坐标系中的坐标和在 X-Y 坐标系中的坐标之间的关系如下。

$$u = \frac{x}{\mathrm{d}x} + u_0 \qquad\qquad (5-12)$$

$$v = \frac{y}{\mathrm{d}y} + v_0$$

转换为矩阵形式即为式(5 - 12),可参见上一章。

(2)摄像机坐标系。

摄像机坐标系是指以摄像机所在位置作为坐标原点,以光轴中心为基准建立的坐标系。摄像机小孔成像模型,为摄像机的光轴中心点,为摄像机的成像平面,为被测物体上某一点 p'_2 所在的一个平面,在摄像机的光轴中心建立坐标系,Z 轴与光轴平行,并令从摄像机到被拍摄物体的方向为正方向,确定 Z 轴后 X、Y 轴也相继确定。

(3)世界坐标系。

在现实环境中,摄像机可以任意安放,为了表述摄像机在现实空间的具体位置引入世界坐标系概念。但需要注意的是世界坐标系不是固定的,可以随意指定,一般采用三维笛卡儿坐标表示,它是对现实空间的描述。

2. 摄像机模型

摄像机模型主要分为线性模型和非线性模型两类。目前最常见的摄像机模型为线性模型中的针孔模型,其因简单实用且精度满足一般需求而被广泛使用。但是线性模型较为理想化,忽略了畸变所带来的影响,而非线性模型正是在线性模型的基础上增加了畸变量,因此采用非线性模型进行摄像机标定,所得结果更为精确。下面主要介绍经典针孔模型及含畸变的参数模型。

(1)小孔模型。

由小孔成像原理可知,物体在成像平面呈现的是其倒立的实像,同原来的实物相比,大小呈比例缩小,方向相反。将此运用于摄像机中,镜头视为小孔,镜头之后是布满感光器件的成像平面,物体在成像平面上的投影便为物体的像。假设 $p_2(x_c, z_c)$ 为真实点所在的位置,$p'_1(x_u, z_u)$ 为 p_1 在成像平面的成像点,f 是摄像机的焦距,由此可得到以下关系。

$$\begin{cases} \dfrac{x_c}{z_c} = \dfrac{x'_u}{z'_u} = \dfrac{x'_u}{f} \\[3mm] \dfrac{y_c}{z_c} = \dfrac{y'_u}{Z_u} = \dfrac{y'_u}{f} \end{cases} \tag{5-13}$$

根据小孔模型可得到笛卡儿空间下实测点 p_1 同成像点 p'_1 之间的关系。

（2）摄像机内参数模型。

摄像机内参数模型描述的是物体与成像图像的关系。摄像机成像过程是由光信号转变为电信号并对电信号进行处理将其图像进行放大，改变图像方向使其上下左右相反，由此转换得到数字图像。根据式（5-12）将点由数字坐标系转至图像坐标系，便可得到实测点对应的图像坐标。将式（5-13）带入式（5-12），得到以下结果。

$$\begin{cases} u - u_0 = \dfrac{x_c \cdot f}{z_c \cdot \mathrm{d}x} \\[3mm] v - v_0 = \dfrac{y_c \cdot f}{z_c \cdot \mathrm{d}y} \end{cases} \tag{5-14}$$

转换为矩阵形式如下。

$$\begin{bmatrix} u \\ v \\ 1 \end{bmatrix} = \begin{bmatrix} f_x & 0 & u_0 \\ 0 & f_y & v_0 \\ 0 & 0 & 1 \end{bmatrix} \begin{bmatrix} x_c/z_c \\ y_c/z_c \\ 1 \end{bmatrix} = M_{in} \begin{bmatrix} x_c/z_c \\ y_c/z_c \\ 1 \end{bmatrix} \tag{5-15}$$

f_x 是 X 轴放大系数，f_y 是 Y 轴方向放大系数，M_{in} 称为摄像机内参矩阵。

由射影几何原理可知，若干个不同的空间点可对应同一个图像点，直线 OP 上所有的点对应同一个图像坐标。若已知实测点 P 在图像平面上的坐标（u，v），则可得到该点在焦距归一化成像平面上成像点的坐标值。摄像机的光轴中心点为原点，空间上的两点确定一条空间直线，由此便可得到实测点所在的空间直线。

以上分析了摄像机的线性模型，但受工艺水平的限制，摄像机光学系统精度不可能达到理想化的小孔成像模型，特征点在像平面实际所成的像与理论成像间存在光学畸变误差。引入畸变后的非线性模型的公式如下。

$$\begin{cases} \bar{u} = u + \delta_u(u,v) \\ \bar{v} = v + \delta_v(u,v) \end{cases} \tag{5-16}$$

（u，v）为基于针孔模型计算得到的图像点坐标，（u，v）为实际的图像点坐标,与 δ_y 是非线性畸变值,可得到以下算式。

$$\begin{cases} \delta_u(u,v) = k_1 u(u^2 + v^2) + [p_1(3u^2 + v^2) + 2p_1 uv] + s_1(u^2 + v^2) \\ \delta_u(u,v) = k_2 u(u^2 + v^2) + [p_2(3u^2 + v^2) + 2p_2 uv] + s_2(u^2 + v^2) \end{cases}$$

$$(5-17)$$

式中,k_1,k_2,p_1,p_2,s_1,s_2 称为非线性畸变参数。其中,称径向畸变,p_1,p_2,s_1,分别为偏心畸变和薄棱镜畸变。但在一般情况下,畸变主要指径向畸变,因为相比径向畸变,其他两项畸变对标定结果精度的影响较小,且考虑过多畸变的影响往往不能提高精度,反而容易引起解的不稳定。故本文只考虑径向畸变,将式(5-16)改为以下形式。

$$\begin{cases} \overline{u} = u[1 + k(x^2 + y^2)^2] \\ \overline{v} = v[1 + k(x^2 + y^2)^2] \end{cases}$$

$$(5-18)$$

上式推出 x 与 y 越大,对应的畸变系数越大,因此得出结论:对于同张照片而言,离图像中心越远,则畸变越大。

(3)摄像机外参数模型。

摄像机的外参数模型是世界坐标系在摄像机坐标系下的描述。P_1 点在世界坐标系下的坐标为 (x_w, y_w, z_w),其到摄像机坐标系下的转换关系如下。

$$\begin{bmatrix} x_c \\ y_c \\ z_c \end{bmatrix} = \boldsymbol{R} \cdot \begin{bmatrix} x_w \\ y_w \\ z_w \end{bmatrix} + T = \begin{bmatrix} f_x & 0 & u_0 \\ 0 & f_y & v_0 \\ 0 & 0 & 1 \end{bmatrix} \begin{bmatrix} x_w \\ y_w \\ z_w \end{bmatrix} + \begin{bmatrix} t_x \\ t_y \\ t_z \end{bmatrix} \quad (5-19)$$

式(5-19)可进行如下改写。

$$\begin{bmatrix} x_w \\ y_w \\ z_w \\ 1 \end{bmatrix} = \begin{bmatrix} r_{11} & r_{12} & r_{13} & t_x \\ r_{21} & r_{22} & r_{23} & t_y \\ r_{31} & r_{32} & r_{33} & t_z \\ 0 & 0 & 0 & 1 \end{bmatrix} \begin{bmatrix} x_w \\ y_w \\ z_w \\ 1 \end{bmatrix} = \begin{bmatrix} \boldsymbol{R} & \boldsymbol{T} \\ 0 & 1 \end{bmatrix} \begin{bmatrix} x_w \\ y_w \\ z_w \\ 1 \end{bmatrix} = M_w \begin{bmatrix} x_w \\ y_w \\ z_w \\ 1 \end{bmatrix} \quad (5-20)$$

其中,$\boldsymbol{M}_w$ 是摄像机的外参数矩阵,R 是摄像机坐标系相对于世界坐标系的旋转矩阵,$\boldsymbol{T}$ 是摄像机坐标系相对于世界坐标系的平移矩阵。$\boldsymbol{R}_1 = [r_{11}, r_{21}, r_{31}]$ 是 X_w 轴在摄像机坐标系中的方向向量,$\boldsymbol{R}_2 = [r_{12}, r_{22}, r_{32}]$ 是 Y_w 轴在摄像机坐标系中的方向向量,$\boldsymbol{R}_3 = [r_{13}, r_{23}, r_{33}]$ 是 Z_w 轴在摄像机坐标系中的方向向量,T 是世界坐标原点 O_w 在摄像机坐标系中的位置。将式(5-15)带入式(5-20),

便可得到图像坐标系到世界坐标系的转换方程式。

$$z_c \begin{bmatrix} u \\ v \\ 1 \\ 1 \end{bmatrix} = \begin{bmatrix} f_x & 0 & u_0 & 0 \\ 0 & f_y & 0 & 0 \\ 0 & 0 & 1 & 0 \\ & & & 1 \end{bmatrix} \begin{bmatrix} \boldsymbol{R} & \boldsymbol{T} \\ 0 & 1 \end{bmatrix} \begin{bmatrix} x_w \\ y_w \\ z_w \\ 1 \end{bmatrix} \tag{5-21}$$

3. 重建模型

本书令世界坐标系与摄像机坐标系重合,根据式(5-16),在得到内、外参矩阵的前提下,即使获得图像二维坐标还是无法计算出特征点在摄像机坐标系(世界坐标系)下的三维坐标,因此必须加上一个约束条件。令激光平面方程为 $ax_w + by_w + cz_w + d = 0$,其中 a,b,c,d 为激光平面方程参数,联立图像坐标到世界坐标系的转换方程和激光平面方程如下。

$$z_c \begin{bmatrix} u \\ v \\ 1 \\ 1 \end{bmatrix} = \begin{bmatrix} f_x & 0 & u_0 & 0 \\ 0 & f_y & 0 & 0 \\ 0 & 0 & 1 & 0 \\ & & & 1 \end{bmatrix} \begin{bmatrix} \boldsymbol{R} & \boldsymbol{T} \\ 0 & 1 \end{bmatrix} \begin{bmatrix} x_w \\ y_w \\ z_w \\ 1 \end{bmatrix} \tag{5-22}$$

$$ax_w + by_w + cz_w + d = 0$$

由此,可求出特征点在摄像机坐标系下的三维坐标,根据式(5-16)得世界坐标的求解方程如下。

$$\begin{bmatrix} x_w \\ y_w \\ z_w \end{bmatrix} = \begin{bmatrix} r_{31}u - r_{11} & r_{32}u - r_{12} & r_{33}u - r_{13} \\ r_{31}u - r_{21} & r_{32}v - r_{22} & r_{33}v - r_{23} \\ a & b & c \end{bmatrix}^{-1} \begin{bmatrix} f_x u - f_x \\ f_x u - f_x y_w \\ -d \end{bmatrix} \tag{5-23}$$

根据上式便可获得激光条纹上各个特征点在摄像机坐标系下的三维坐标,以此实现对被测物体的三维重建。

5.2.3 十字结构光运动推衍结构法与一字结构光运动推衍结构法的区别

十字结构光与一字结构光相比,除多了一个激光平面以外,两个激光平面还呈现出一定的夹角,理想情况下两个夹角垂直,以尽可能获取整个被测物体表面的三维信息。

1. 十字结构光运动推衍结构法的优势

激光投射器投射光平面,光平面与被测平面相交时形成激光交线,被测物体在移动平台的带动下做水平运动,因此摄像机拍摄的相邻两帧图像的激光交线之间存在一个相对位移。将每帧图像上的激光交线提出并叠加在一起,便得到了平面扫描图。扫描图为部分光条纹累加图像,光条之间的间隔 d 为摄像机拍摄上一帧图像到下一帧图像的时间间隔内物体移动的距离, V_1 , V_2 为物体相对于激光的扫描方向。

对图像进行分析,得出以下 3 点。

首先,十字结构光能有效解决一字结构光存在的边缘信息大量丢失的问题。为了方便比较,选取位置 1 和位置 2 两个扫描方向的激光平面依次对被测物体进行扫描。在位置 1 处,激光刚好和物体的边缘相切,此位置到下一个时刻拍摄到的激光光条之间的信息丢失;任意改变激光的扫描方向,位置 2 与位置 1 的扫描方向正交,激光不与边缘相切,但仍然丢失红色标记的边缘部分。因此不论如何改变一字激光的扫描位置,边缘信息丢失的情况都不可避免。

其次,在使用线结构光对物体扫描时易受光照条件及自身的影响,如激光的入射角度不同,激光的光条亮度也不同,且受物体表面或光照背景影响,同一条激光条纹上亮度分布不均匀,从而在后期的图像处理过程中,可能会丢失一部分亮度较小的细光条;而采用十字结构光,光平面的入射角不同,能弥补单条激光光条丢失的情况。

最后,十字结构光能一次性获取两个方向上的物体信息,信息量大大增加,从而使被测物体表面信息最大可能地保存下来,故较一字结构光具有更高的应用价值。

2. 十字结构光运动推衍结构法存在的难点

采用一字线结构光所拍摄获得的图片中仅含有一条激光条纹,所以图像中的激光条纹必位于激光平面上。但是采用十字结构光作为光源而拍摄获得的图像中包含的激光条纹分属于两个激光平面,这便涉及匹配问题,因此加大了重建难度。

第6章　多角度光照光度三维立体重建

如上一章所述,利用光学投影得到的投像序列,在知道角度的情况下可以有效恢复物体的三维立体模型。这一点固然有趣,特别是对于计算机视觉的研究者来说,然而,在这个学术群体内,受到关注更多的是人如何利用自己的眼睛观察事物,即便是"独眼龙",也可以准确地看到物体,从而做出判断,这就意味着实际的计算机视觉如果模拟人眼,或者模拟任何生物的类似眼睛的感受器,就必须依靠单投影来完成。因此,诞生了多角度光照三维立体重建这一算法,为之后的研究提供了可能性,该算法也成为当年首屈一指的算法。也就是说,通过单一投影可以改变光照角度,并依赖明暗度的不同来重建原始物体三维立体模型。

6.1　光度立体视觉

一幅图像在计算机中是以点阵的形式存在的,图像上的每一点用灰度值(gray level)表示,各点的灰度值反映了三维物体相应点上反射光的强度。由对物理光学与几何光学的分析,可知反射光的强度与物体表面性质和物体表面的几何形状有直接联系。因此,可利用图像灰度来恢复三维物体的几何形状。

Woodham 等人于 1978 年对此进行了系统的研究,通过辐射度学与光度学建立了光照模型。

$$L_i = I\cos\theta r^2$$

式中:L_i——物体表面接收的辐照度;I——点辐射源的辐射强度,单位为 W/sr(瓦特/球面度),球面度即单位立体角;r——物体表面与光源的距离;θ——入射方向与接收面法线方向之间的夹角。

S_0 为点辐射源,它向四周均匀发射电磁波,dA 为与 S_0 距离为 r 的、接收面上的一个小面积元。由图像灰度与物体表面光辐射度的关系可知,进入摄像机

52

的光辐照度为 L_i。

$$L_i = \frac{\pi}{4} L_r \left(\frac{d}{f} \right)^2 \cos(\theta)^4$$

式中：L_r——物体表面反射光的光辐射度。

一般情况下，摄像机的视角很小，即 θ 值很小，可近似写成以下形式。

$$L_i = \frac{\pi}{4} L_r \left(\frac{d}{f} \right)^2$$

式中 d，L_i 为物体表面接收的辐照度（即图像灰度）。图像灰度与物体表面反射光的辐射度成正比，与透镜直径平方成正比。一般物体的表面是起伏不平的，物体内部介质也是不均匀的，光线进入物体表面后会发生散射现象，散射光向各个方向均匀辐射，散射光的辐射度 L_d 与物体表面的辐照度 L_i 成正比。

$$L_d = R_d L_i$$

其中，r_d 为反射系数，与物体材料有关。对于表面较粗糙的物体，散射光已能较好地描述物体表面的反射，故 L_d 与 L_r 近似相等，可得到以下结果。

$$L_d = r_d I \cos \theta r^2$$

式中：I——点光源强度。

因此，如果表面反射仅由散射光引起，则物体表面点 P 的图像灰度 I_p（即摄像机像平面的辐照度 L_i）计算如下。

$$I_p = k_d \cos \theta$$

可得 $k_d = I r d 4 d / (f \times r^2)$，为光源强度。当光源强度、光源距离、摄像机光圈、焦距等参数固定时，k_d 仅与物体的材料性能有关。光度立体视觉法是由多幅图像灰度与物体几何形状的关系来恢复三维物体形状的。实验时摄像机位置固定在织物的正上方，这样可以不需要图像点之间的一一对应。

点光源产生光线从不同角度照射织物表面，利用 CCD 摄像机摄取图像，送入计算机中处理。设织物表面某点 P 法线方向为，且 n 为单位向量，即 $\|n\| = 1$，光源为点光源，光源方向 $S = (S_x, S_y, S_z)^T$ 也是归一化后的单位向量，P 点图像灰度（即图像亮度）如下。

$$I_p = k_d \cos \theta s_n^T$$

观察 P 点，有 4 个光源，分别为 S_1、S_2、S_3、S_4，在实验中，分别开启 S_1、S_2、S_3、S_4（每次只开启一个），得到 4 幅图像，设物体表面 P 点在 4 幅图像中的灰度值分

别为 I_{p_1}、I_{p_2}、I_{p_3}、I_{p_4}，可得到以下算式。

$$I_{p_i} = \begin{bmatrix} I_{p_1} \\ I_{p_2} \\ I_{p_3} \\ I_{p_4} \end{bmatrix} = k_{\mathrm{d}} S_i^{\mathrm{T}} n = k_{\mathrm{d}} \begin{bmatrix} S_1^{\mathrm{T}} \\ S_2^{\mathrm{T}} \\ S_3^{\mathrm{T}} \\ S_4^{\mathrm{T}} \end{bmatrix} n$$

由于光源强度不变，且离物体的距离都近似相等，摄像机参数在获取图像时不变，即 k_{d} 是常数。又由于 S_i^{T} 为已知矩阵（4×3 矩阵），为求得最优解，可利用最小二乘法解出 n 与 k_{d}。

在求出织物表面各点的法线方向后，我们可以进一步求出织物的形状。在摄像机坐标系下，物体表面可用以下函数表示。

$$Z = S(X, Y)$$

对于物体表面任意一点，它的图像坐标 (x, y) 如下。

$$x = \frac{fX}{Z}, y = \frac{fY}{Z}$$

其中 f 为摄像机焦距，由于一般物体表面各点（Z）的变化比起物体到摄像机距离要小得多，因此可近似认为 $Z = Z_0$，即 Z 为一常数 Z_0，故可写为以下形式。

$$x = kX, y = kZ$$

其中，$k = f / Z_0$ 为一比例系数，可近似认为是常数。物体表面任意一点 $P(X, Y, Z)$ 的单位法线向量用图像坐标 (x, y) 可表示为以下形式。

$$n = \frac{1}{\sqrt{k^2 + \left(\frac{9Z}{9x}\right)^2 + \left(\frac{9Z}{9y}\right)^2}} \left(-\frac{9Z}{9x'}, \quad -\frac{9Z}{9y'}, \quad k \right)^{\mathrm{T}}$$

设求出空间点 $P(X, Y, Z)$ 的单位法线向量为 $n = (nx, ny, nz)^{\mathrm{T}}$，则可得到以下内容。

$$\frac{9Z}{9x} = -k\frac{n_x}{n_z}, \frac{9Z}{9x} = -k$$

物体形状表达 $Z(x, y)$ 可由偏微分方程解得，在实际情况中由于图像已离散化，因此 $\mathrm{d}z/\mathrm{d}x$ 与 $\mathrm{d}z/\mathrm{d}y$ 可用其一次差分近似地表达。

54

$$Z(x+1,y) - Z(x,y) = -k\frac{n_x}{n_y}$$

$$Z(x,y+1) - Z(x,y) = -k\frac{n_y}{n_z}$$

我们可由任一点 $Z(x_0,y_0) = Z_0$ 出发(即边界件),求出与 (x_0,y_0) 相邻的 (x_0+1,y_0),(x_0-1,y_0) 与 (x_0,y_0-1) 点的 Z 值,并进一步扩散,得到所有离散图像点上的 Z 值,从而最终恢复物体的表面形状。

6.2　光度立体视觉实验结果

6.2.1　合成图像验证

合成图像是检验图像处理算法的简便方法。所谓合成图像,就是利用计算机构造出的三维立体图像来模拟真实图像。采用合成图像的优点是图像不受外界噪声影响,无须滤波,从而可更精确地验证算法的准确性。算法的具体步骤是:首先利用光照模型,计算合成图像各点的灰度值 I_p。再计算图像表面任意一点的单位法线向量,最后计算出图像表面高度。模拟实验中,图像尺寸为 32×32 像素点,首先为合成图像建立光源,并从 3 个不同方向照射合成图像,光源的方向向量如下。

$$S_1 = (-100,80,110), \ S_2 = (80,110,90), \ S_3 = (-100,-80,100)$$

立体视觉法对合成图像进行三维重建,为进行对比,我们还可从不同方向提取三维图像的切面轮廓。具体的合成图像、重建图像以及切面轮廓图,重建图像与合成图像总体上吻合较好,这里又进一步采用了以下几个统计值来计算重建后的图像高度误差。

1. 总体平均误差(MeanError)

$$\text{MeanError} = |\overline{z_1} - \overline{z_2}|$$

式中:$\overline{z_1}$——合成图像的高度平均值;$\overline{z_2}$——重建图像的高度平均值。

2. 总体均方差

总体均方差 = |合成图均方差 - 重建图均方差|

均方差(Std Error):

$$\text{StdError} = \sqrt{\frac{1}{N}\sum_{i=1}^{N}\left[z(i) - \overline{z(i)}\right]^2}$$

式中:N——像素点数;$z(i)$——每个重建图像(或合成图像)的高度值。

3. 总体极差

总体极差 = 合成图极差 − 重建图极差

极差(TopError):像素点中高度最大值与最小值的差异。

4. 均方差率

$$均方差率 = \frac{总体均方差}{合成图像均方差} \times 100\%$$

5. 准确率

本文从合成三维图像出发,进而应用光度立体视觉法重建三维图像,重建后图像准确率达 97% 以上,从而验证光度立体视觉法可行性。

6.2.2 真实物体验证

下面选用真实物体模拟织物表面折皱,验证光度立体视觉法的可行性。实验采用 Panasonic WV CP410/ G 型 CCD 摄像机对图像采样,并通过 MVPCI2H 采集卡将其量化为 128×128 个像素点,为提高运算速度,将图像大小压缩为 64×64 像素,摄像机的焦距 $f = 16mm$,摄像机到织物的距离 $Z_0 = 745$ mm。实物选择表面有细条纹的折叠纸,再利用光源方向向量,即 $S_1 = (65, -320, 480)$,$S_2 = (295, -195, 480)$,$S_3 = (272, 74, 480)$,$S_4 = (155, 218, 480)$,$S_5 = (-188, 230, 480)$,$S_6 = (-130, 120, 480)$ 的光源进行光照,并得到 6 幅光照图像。

第7章　单张灰度图像立体成像

上一章中,我们从结构光到视觉系统的算法衍进中提到了光度立体重建,也称为光度立体法。该方法实际上是这个领域最有趣的一个进步,然而,依靠大量已知条件,特别是光线角度条件和物体位置条件,来重建物体三维模型,依然没有完全解决人眼或生物光感受组织对物体的整体把握这一关键问题(如果需要计算机视觉模拟这些组织功能的话)。因此,有必要在之前的基础上抛弃这些已知条件,完全独立地依靠投影和投像结果来重建物体三维立体模型。这样就引出了我们下面要谈的明暗恢复形状法(shape from shading),以及本书作者对该领域的最大贡献——亮度积分法(尽管与 SFS 提出问题一致,但解决方案更精确逼近生物视觉光感受组织,因此结果也更精确,当之无愧为本领域近年来的最大突破)。下面,我们将首先介绍成像物理学,即场景中各点的光强度在图像平面上的映射过程(通常将这一过程称为成像),然后按照 Horn(1986)所做的开创性工作对有关的理论和算法展开讨论。

7.1　图像辐照度

我们知道,通过投影原理可以确定场景中的点在图像平面中的位置,但并不能确定该点的图像强度。图像强度可用本节将要介绍的成像物理学来确定,其中用于描述图像强度的一个术语是图像辐照度(irradiance)。由于强度、亮度或灰度等术语的使用十分普遍,因此本书将这些术语视为图像辐照度的同义词。

图像平面中一点的图像辐照度是指图像平面点单位面积接收的辐射(radiance)功率。辐射为输出能量,辐照为输入能量。对图像来说,图像的辐照源对应景物对光源的反射,即场景的辐射。也就是说,图像平面上一点的辐照度对应于图像点到场景点方向的场景辐射能量。

$$E(x',y') = L(x,y,z) \qquad (7-1)$$

场景点位于从投影中心到图像点的射线上。为了找到图像的辐照源,我们必须沿这条射线返回到发射射线的表面片上,并且弄清楚场景照明光是如何被表面片反射的。

决定场景表面片辐射的因素有两个:一个是投在场景表面片上的照明;另一个是表面片反射的入射照明部分。

投在某一特定表面片上的照明量取决于该表面片在场景中相对于光源的分布位置。在某一特定方向上被表面片反射入射照明部分取决于表面材料光学特性。

考虑场景中一个无穷小的表面片被一个单独的点光源照明。在表面片上建立一个坐标系。此坐标系表示能量可以到达或离开该表面所有可能的方向半球。将从表面片往某一方向辐射的能量与表面片从某一方向接收的能量的比值定义为双向反射分布函数(bidirectional reflectance distribution function,BRDF),用 $f(\theta_i,\varphi_i,\theta_e,\theta_e)$ 表示。双向反射分布函数取决于表面材料的光学特性。辐射量与辐照量的关系式如下。

$$L(\theta_e,\phi_e) = f(\theta_i,\phi_i,\theta_e,\theta_e)E(\theta_i,\phi_i) \qquad (7-2)$$

这可能是一个一般的公式,也可能是一个很复杂的公式,但在计算机视觉的大多数有趣的场合中,它可能相当地简单。对大多数材料来说,BRDF 只取决于入射和反射角之差。

$$f(\theta_i,\phi_i,\theta_e,\phi_e) = f(\theta_i-\theta_e,\phi_i-\phi_e) \qquad (7-3)$$

7.1.1　照明

给定表面材料的 *BRDF* 和光源的分布,就可以计算一个表面片发出的光量。下面介绍两种类型的照明:点光源和均匀光源。

首先介绍计算一般分布光源射到一个表面片的总辐照公式。表面片上的全部辐照就是从半球中所有方向上照到表面片上的辐照总和。将通过单位半球(半径为1)上每一个小片面积上的辐照累加起来,直到计算完半球的全部面积。由半球上某一表面片和其对应的角增量和组成的锥形空间,称为立体角。

$$\delta\omega = \sin\theta_i\delta\theta_i\delta\phi_i \qquad (7-4)$$

可以由组成半球的立体角相加得到。

$$S = \int_0^{2\pi} \mathrm{d}\omega = \int_0^{2\pi} \int_0^{\pi/2} \sin\theta \mathrm{d}\theta \mathrm{d}\phi = 2\pi \int_0^{\pi/2} \sin\theta \mathrm{d}\theta = 2\pi \qquad (7-5)$$

在式(7-4)中如果没有因子 $\sin\theta$, 半球面的各个无穷小单元加起来就得不到正确的总面积。穿过球面的总的辐射量是对无穷小表面片加权穿过每一个表面片对应的单位立体角辐射量的积分。让 $I(\theta_i, \phi_i)$ 表示从 (θ_i, ϕ_i) 方向上穿过半球单位立体角上的辐射量, 则表面片接收的总辐照量如下。

$$I_0 = \int_0^{2\pi} \int_0^{\pi/2} I(\theta_i, \phi_i) \sin\theta_i \cos\theta_i \mathrm{d}\theta_i \mathrm{d}\phi_i \qquad (7-6)$$

式中多了一个附加项 $\cos\theta_i$, 这是因为透视缩比效应(foreshortening)使表面片在照明方向上变小。从表面片反射出的辐射量如下。

$$L(\theta_e, \phi_e) = \int_0^{2\pi} \int_0^{\pi/2} f(\theta_i, \phi_i, \theta_e, \phi_e) I(\theta_i, \phi_i) \sin\theta_i \cos\theta_i \mathrm{d}\theta_i \mathrm{d}\phi_i \qquad (7-7)$$

基于场景辐射等于图像辐照假设, 在图像平面中, 位置处的图像辐照与场景中相对应的表面片上的辐射量相等。

$$E(x', y') = L(x, y, z) \qquad (7-8)$$

对式中场景辐照的发射角度由场景表面的几何性质决定。注意:对每一个图像位置 (x', y', z') 都可以在相对于表面法线或表面片的极坐标中,计算出对应的场景位置 (x, y, z)、表面片的表面法线,以及从表面片到图像平面点 (x, y) 的连线的角度 (θ_e, ϕ_e)。

为了从场景中的表面几何和光源的分布确定整幅图像的辐照量,必须知道场景表面的 BRDF。这正是下一节要讨论的主题。

7.1.2 反射

下面将介绍 3 种不同类型的反射:Lambertian 反射(也叫散光反射)、镜面反射、Lambertian 反射和镜面反射组合。

1. Lambertian 反射

Lambertian 表面是指在一个固定的照明分布下从所有的视场方向上观测都具有相同亮度的表面,Lambertian 表面不吸收任何入射光。Lambertian 反射也叫散光反射,不管照明分布如何,Lambertian 表面在所有的表面方向上接收并发散所有的入射照明,结果是每一个方向上都能看到相同数量的能量。许多无光泽表面都大致属于 Lambertian 型的,除下面将提到的情况以外,许多表面在性质上也都属于 Lambertian 型。

Lambertian 表面的 BRDF 是一个常数。

$$f(\theta_i, \phi_i, \theta_e, \phi_e) = \frac{1}{\pi} \qquad (7-9)$$

辐射独立于发射方向,辐射可通过累加来自所有可能方向半球的入射光线上的 BRDF 效应得到。

$$
\begin{aligned}
L(\theta_e, \phi_e) &= \int_0^{2\pi} \int_0^{\pi/2} f(\theta_i, \phi_i, \theta_e, \phi_e) I(\theta_i, \phi_i) \sin\theta_i \cos\theta_i \mathrm{d}\theta_i \mathrm{d}\phi_i \\
&= \int_0^{\pi} \int_0^{\pi/2} \frac{I}{\pi} I_0 \frac{\delta(\theta_i - \theta_s)\delta(\phi_i - \phi_s)}{\sin\theta_i} \sin\theta_i \cos\theta_i \mathrm{d}\theta_i \mathrm{d}\phi_i \\
&= \frac{I_0}{\pi} \cos\theta_s \qquad (7-10)
\end{aligned}
$$

式中,I_0 是表面片上的总入射光。

下面讨论在一个远距离点光源的照明下,一个 Lambertian 表面的可感觉亮度。在相对于表面片法线的一个方向 (θ_s, ϕ_s) 上,一个点表面照明描述如下。

$$I(\theta_i, \phi_i) = I_0 \frac{\delta(\theta_i - \theta_s)\delta(\phi_i - \phi_s)}{\sin\theta_i} \qquad (7-11)$$

式中,I_0 指的是总照明。本质上,δ 函数仅限于照明到达表面片的方向与方向 (θ_s, ϕ_s) 之间。式(7-11)的分母中有一个正弦项,将其引入式(7-6)时,就得到总照明 I_0。

将式(7-11)中的照明函数和式(7-9)中的 BRDF 函数引入表面片辐射公式(7-7),即可得到感觉亮度公式。

$$
\begin{aligned}
L &= \int_0^{2\pi} \int_0^{\pi/2} f(\theta_i, \phi_i, \theta_e, \phi_e) I(\theta_i, \phi_i) \sin\theta_i \cos\theta_i \mathrm{d}\theta_i \mathrm{d}\phi_i \\
&= \int_0^{2\pi} \int_0^{\pi/2} \frac{1}{\pi} I(\theta_i, \phi_i) \sin\theta_i \cos\theta_i \mathrm{d}\theta_i \mathrm{d}\phi_i = \frac{1}{\pi} I_0 \qquad (7-12)
\end{aligned}
$$

这就是 Lambert 余弦定律,即指由点光源照明的表面片的感觉亮度随着单元表面法线的入射角度变化而变化。随入射角变化是由于因为相对于照明方向表面片的透视缩比效应。换句话说,一块给定面积的表面片,当它的法线指向照明光线方向时,可以获取最多的光照。当表面法线偏离照明方向时,从照明方向看过去的表面片面积变小了,因此表面片的亮度也降低了。如果想看一看这个效应的演示,可以拿一个球状物体,比如一个白球,关掉房间里所有的灯,只打开一个灯泡,这时将会看到球体上最亮的部分是表面法线指向照明方向的部分,并且这与观察者相对于球所处的位置无关,球体上的亮度从对应于光源最亮的一点出发,向四周所有方向以相同速率递减。

假定照明不是一个点光源,而是在所有方向都是均匀的,其发光总强度为 I_0,那么亮度可由下式给出。

$$L(\theta_e, \phi_e) = \int_0^{2\pi} \int_0^{\pi/2} f(\theta_i, \phi_i, \theta_e, \phi_e) I(\theta_i, \phi_i) \sin\theta_i \cos\theta_i \mathrm{d}\theta_i \mathrm{d}\phi_i$$

$$= \int_0^\pi \int_0^{\pi/2} \frac{I_0}{\pi} \sin\theta_i \cos\theta_i \mathrm{d}\theta_i \mathrm{d}\phi_i = I_0 \qquad (7-13)$$

现在,Lambertian 表面被感觉的亮度在所有方向上都相同,这是因为不管表面片朝向何方,它都能接收到同样数量的照明。

2. 镜面反射

镜面在某一方向上反射所有的入射光,反射方向角相对于镜面法线来说与入射角相等,但在法线的另一侧。换句话说,从方向 (θ_i, ϕ_i) 来的光线的反射方向 $(\theta_e, \phi_e) = (\theta_i, \phi_i + \pi)$ 镜面的 BRDF 如下。

$$f(\theta_i, \phi_i, \theta_e, \phi_e) = \frac{\delta(\theta_e - \theta_i)\delta(\phi_e - \phi_i - \pi)}{\sin\theta_i \cos\theta_i} \qquad (7-14)$$

BRDF 中需要 $\sin\theta_i$ 和 $\cos\theta_i$ 因子,以消去式(7-7)中由透视缩比和立体角产生的相应因子。将式(7-14)代入式(7-7),得到如下公式。

$$L(\theta_e, \theta_e) = I(\theta_i, \phi_i + \pi) \qquad (7-15)$$

该方程表明入射光线被表面片反射出去,如同理想的镜子一样。

3. Lambertian 反射和镜面反射组合

在计算机图形学中,通常用镜面反射和散光反射一起来构成物体反射特性模型。

$$f(\theta_i, \phi_i, \theta_e, \phi_e) = \frac{\eta}{\pi} + (1 - \eta) \frac{\delta(\theta_e - \theta_i)\delta(\phi_e - \phi_i - \pi)}{\sin\phi_i \cos\phi_i} \qquad (7-16)$$

式中,常量 η 控制着两个反射函数的混合度。镜面反射和散光反射的相对比例随着物体表面材料的不同而变化。光滑的物体,或者说闪亮的物体,其镜面反射的成分要高于无光泽的物体。

7.2　从图像明暗恢复形状

一个像素点处的图像强度是对应于场景点的表面方向的函数,该强度值可在反射图中获取。这样,对于一个固定照明和成像条件,以及对于一个已知反射特性的表面,表面方向的变化可转换成图像强度的相应变化。反过来,由图像强度的变化可以恢复表面形状的问题,即所谓从明暗恢复形状的问题。下面我们简单介绍一下利用表面光滑度约束来求解此问题的步骤。

从前一节已知,图像辐照 $E(x,y)$ 与表面上对应点方向 (p,q) 的关系如下。

$$E(x,y) = R(p,q) \tag{7-17}$$

式中,$R(p,q)$ 是表面的反射图。我们的目的是通过计算图像中每一点 (x, y) 处的表面方向 (p,q) 来恢复表面形状。注意我们只有一个方程,但是有两个未知数 p 和 q。因此,必须附加额外的限制条件才有可能求解。一个常用的附加约束是表面光滑性。我们假定物体是由逐段光滑的表面组成的,只在边缘处才不受光滑约束的限制。

一个光滑表面是以其梯度 p 和 q 缓慢变化为特征的。因此,如果 p_x 和 p_y 表示 q_x 和 q_y 在 x 和 y 方向上的偏微分,我们规定光滑性约束是这些偏微分平方和的积分最小。

$$e_s = \iint ((p_x^2 + p_y^2) + (q_x^2 + q_y^2)) \mathrm{d}x\mathrm{d}y \tag{7-18}$$

严格地说,我们必须在式 $(7-18)$ 给定的约束下求这个积分的最小极值。但是,考虑到噪声使所求的值偏离了理想值,问题就变为求解总偏差 e 的极小值。

$$e = e_s + \lambda e_i \tag{7-19}$$

式中,λ 是一个光滑度约束误差的加权参数,e_i 是图像辐照方程误差。

$$e_i = \iint (E(x,y) + R(p,q))^2 \mathrm{d}x\mathrm{d}y \tag{7-20}$$

这是一个变积分问题。在第 $(n+1)$ 次迭代中,更新 (p,q) 值的迭代结果由下式给出。

$$\begin{cases} p_{ij}^{n+1} = p_{ij}^{*n} + \lambda [E_{ij} - R(p_{ij}^{*n}, q_{ij}^{*n})] \dfrac{\partial R}{\partial p} \\[2mm] q_{ij}^{n+1} = q_{ij}^{*n} + \lambda [E_{ij} - R(p_{ij}^{*n}, q_{ij}^{*n})] \dfrac{\partial R}{\partial q} \end{cases} \tag{7-21}$$

式中 $*$ 表示在 2×2 邻域中计算出的均值。注意,虽然对一个给定迭代的计算是局部的,但仍可以通过多次迭代中的约束传播得到全局的一致。

上面所述的基本步骤已经通过许多途径得到了证明。具体的内容可在本章末所附的参考书中找到。虽然从明暗恢复形状的基本原理很简单,但是却有很多实践上的困难,特别是表面的反射特性并不总是精确得知,也不容易控制场景中的照明,这些都限制了其应用。

7.3　光度积分法

在我们的叙述中,最后要引导的目标是给大家一个更理性的判断,一个由计算机视觉对生物光感受组织的模拟过程中,应该是一个自动恢复物体三维图形的过程,这个假设如果没有算法支持,那么是无意义的。但很幸运的是,本书作者对此进行了证明。光线入射方向假设已知(这个毫无疑问是大多数人或者生物都能感受到的),人眼或者生物光感受组织能够从另外一个方向得到光线,然后开始利用反射光线的明暗来得到实际立体模型,或者是所谓的深度图像。

这一个特点不论是在计算机视觉领域,还是在生物感知领域,都具有一定的意义,可以被认为是本领域的突破性进展。这是因为其推论相对于其他的学说对生物进化理论和 DNA 衍进有着辅助证明作用。

下面我们来探讨灵长类动物的视觉是如何辅助其正确理解物体的形状的。在灵长类动物以前,没有生物利用"手",或者前爪来探寻物体的真实形状,尽管类似于复眼的各种生物形态表面生物已经具备了借助两维图像来判定和解决前方是否有物体这类简单的问题。但问题在于,仅仅理解前方的物体是否阻挡去路对正确认知其三维形状几乎没有帮助,只有分立的通过了解相应反射光谱,并且在大脑中合理复原出其三维形状,才能使人具有"智能",也就是开始借助思维正确推断竞争对手的强弱、特点、物理性状、生物特征以及周围环境。

这在"物竞天择、适者生存"的残酷的大自然之中是至关重要的能力。因为,仅仅凭借奔跑速度、肌肉强度、弹跳距离和相关的自然生物性征,人类与猎豹、猛虎、袋鼠等其他动物相较,几乎没有生存机会。实际的大自然中,猩猩、猴子这类动物,尽管与人类相近,但在野生食物链中并不属于顶端物种。

但具有判断三维物体形状能力的生物则不同,因为他们不但具备了可以逃避肉食动物猎杀的特点,而且开始借助双手生产工具,用工具辅助他们猎杀其他肉食动物,这使人类开始高居食物链顶端并藐视其他生物。从这个意义上讲,人类到新石器时代晚期以前的进化史,是一种利用大脑生产工具杀戮野生生物的历史,直到人类社会建立,人类开始互相杀戮。所以应该这么说,在战胜大自然之前,人类的敌人不是人类,而一旦大自然被战胜,人类的敌人变成了同类。换句话说,到了新石器时代晚期,由于人类社会出现,原来高速进化的大脑和手的能力,开始被别的能力所取代,因为这个时候,几乎所有人类都具备相等的认知和抽象能力,于是,原本被淘汰的能使自己武力增加的肌肉强度、身体匀称度、弹跳能力等,又变成了人与人竞争的"要点";而审美甚至也成为一种武器,体毛、异味、肤色、相貌在这个时候仍然继续进行进化。同时,我们可以清楚地知道,今天人类的视觉认知与新石器时代晚期相比,并没有显著提高,这使我们对人类有文字记载的历史能够充分理解并且可以借助考古发掘,复原当时的社会。仅从这个意义上来讲,二维图像的三维重建,特别是我们这里提到的光度积分法,对理解整个人类社会的建立发展和衍进演化具有无可估量的作用。

下面我们来讨论光度积分法。

这里已知入射光线与传感器接收方向的夹角为 $\propto$;如果我们假设传感器的正向接收方向为 z,而其垂直水平方向为 x,那么从正常认知角度来看,对认知真正有意义的是斜率 $\dfrac{\mathrm{d}z}{\mathrm{d}x}$,我们可以从已知角度 γ 推导该公式。

$$\frac{\partial z}{\partial x} = \mathrm{ctg}(\gamma) \qquad (7-22)$$

如果投射函数 $\phi(\,\cdot\,)$ 为线性函数,则可得出以下等式。

$$I = I_{\max} \cdot \cos(\beta) \qquad (7-23)$$

所以,

$$\beta = \arccos\left(\frac{I}{I_{\max}}\right) \qquad (7-24)$$

这里,

$$2(\alpha - \gamma) = \alpha - \beta \qquad (7-25)$$

可以计算出

$$\gamma = \frac{\alpha + \beta}{2} \qquad (7-26)$$

即

$$\frac{\partial z}{\partial x} = \mathrm{ctg}\left(\frac{\alpha + \beta}{2}\right) = \mathrm{ctg}\left[\frac{1}{2}\left(\arccos\left(\frac{I}{I_{\max}}\right) + \alpha\right)\right] \qquad (7-27)$$

最后,

$$z = \int \mathrm{ctg}\left[\frac{1}{2} \cdot \left(\arccos\left(\frac{I}{I_{\max}}\right) + \alpha\right)\right] \qquad (7-28)$$

从式(7-28)可以看到,这种计算方式的计算基础是入射光线与反射方向最终导向接收传感器同一侧;当入射光线与反射方向最终导向接收传感器的另外一侧时,我们应当对比以上推导过程来推导,最终也能得到关于传感器中距离与光线的关系。

这里已知入射光线与传感器接收方向的夹角为 $\propto$;如果我们假设传感器的正向接收方向为 z ,垂直水平方向为 x ,那么从正常认知角度来看,对认知真正有意义的是斜率 $\dfrac{dz}{dx}$,我们可以从已知角度 γ 推导该公式。

$$\frac{\partial z}{\partial x} = \mathrm{ctg}(\gamma) \tag{7-29}$$

如果投射函数 $\phi(\cdot)$ 为线性函数,则可得到以下等式。

$$I = I_{\max} \cdot \cos(\beta) \tag{7-30}$$

所以,

$$\beta = \arccos\left(\frac{I}{I_{\max}}\right) \tag{7-31}$$

这里,

$$\beta - \gamma = \alpha + \gamma \tag{7-32}$$

可以计算出

$$\gamma = \frac{\beta - \alpha}{2} \tag{7-33}$$

即

$$\frac{\partial z}{\partial x} = \mathrm{ctg}\left(\frac{\beta - \alpha}{2}\right) = \mathrm{ctg}\left\{\frac{1}{2}\left[\arccos\left(\frac{I}{I_{\max}}\right) - \alpha\right]\right\} \tag{7-34}$$

最后,

$$z = \int \mathrm{ctg}\left\{\frac{1}{2} \cdot \left[\arccos\left(\frac{I}{I_{\max}}\right) - \alpha\right]\right\} \tag{7-35}$$

这就是本书的核心算法:光度积分算法。该算法为一部分计算机视觉领域研究者关上了一扇门;但同时,它也为另外一些计算机视觉领域研究者打开了一扇窗。我们将在以后的章节中逐渐接触它们。

第8章 表面纹理剥离

在我们详述基于电磁传感器的深度图像之前,应该说,前7章的目的都是一个:利用单幅投像的明暗度来设法恢复其投影物体的立体模型,或者深度图像。但这个想法仅限于视觉研究者,因为在研究圈内,另外的一些手段,如深度测试,或者说扫描,早就存在,从雷达、红外、紫外到激光,这些手段都可以顺利地得到深度图像。因此,有必要综述当下这些手段得到的图像,因为作为计算机视觉,特别是三维重建工作的实验,深度图像的研究是被当作事实数据来处理的,因此具有非常重要的地位。目前,因为遥感光谱数据也是可以获得的重要依据,所以我们从这种数据入手,来理解这类数据对分离纹理等重要特征的意义。

20世纪90年代,国家科委经过科学、充分地可行性研究和专家论证在"九五"科技攻关计划中设置了"重中之重"的"遥感、地理信息系统、全球定位系统技术综合应用研究"项目。攻关领域涉及国家级基本资源与环境遥感动态信息服务体系、重大自然灾害监测与评估业务运行系统、国产地理信息系统基础软件,以及推动GIS产业化和示范应用、遥感前沿高技术研究、发展国家空间信息基础设施等重要方面。遥感在这几方面都起着基础性的关键作用,没有遥感的发展,即使其他方面发展了也会出现"木桶"效应。

遥感技术与国民经济、人民生活密切相关。同时,它又是一个对物质基础要求较高的项目领域。卫星、处理设备等没有大规模的资金投入,项目很难有所收获。我国在2006年至2010年的4年时间里发射了遥感卫星一号到九号9个遥感卫星,而2009年一年就发射了3颗,单从数量上就可以看出近几年我国对遥感领域的巨大投入和重视程度。

在前述章节中,我们看到,表面纹理实际上是一个伪命题,对于所有光线来说,因为部分被物体吸收,以致于吸收率的不同造成了反射光谱的差异。这种差异反映在人眼上,就是不同的颜色。色彩斑斓并非因为光本身,而是反映出物体表面材质的区别。对于表面纹理,我们通常会认为存在一种归一化亮度图,换言之,会假设某种表面对光线进行漫反射,这样,人眼观察到的既不是全反射带来的刺眼的阳光或者其他光源发出的电磁波,也不是折射所产生的光线渗透物体内部后被再次反射回来而无法得到物体表面的具体信息。这种归一化的亮度,相较于纹理,因为材质不同,需要有一个矫正过程,每种材料相对于我们提到的漫反射"标准材料",都有一个偏差,而这个偏差是可以通过矫正过程修补的,于是物体表面的几何特征将被完全显露出来,从而造成去"纹理"的结果。但这种方案需要大量的实验数据和对每种材料的认真研究,由于材料的种类为无穷种,目前实际工作中,不会有利用这种物理光学方法来剥离纹理的工作方式。

下面,我们要以遥感图像为例,使用数值方法来去除表面纹理,这些过程当然和上述提到的物理光学方法有异曲同工之妙,也可以互相借鉴,但目前为止,还存在比较大的偏差。由于现在很大一部分的遥感数据是基于被动的光学遥感数据,而光学遥感是靠接受物体反射光成像,中间受到很多因素干扰,很难保证同一地物在影像上的光谱信息是均一的。对于这种遥感数据用传统的影像分析方法就会存在"椒盐现象"和不能区分同谱异物以及"异物同谱"现象。这种现象在高分辨率和超高分辨率影像中更严重。

纹理分割技术是对传统信息识别技术的一个很好的补充。同颜色一样,纹理也是图像的一种重要属性和视觉特征,是当今研究的一大热点。纹理可以定义为图像的某种局部性质,描述局部区域中像素之间的关系,也可以在一定程度上描述图像中的空间信息。我们将着重研究统计法中的 Tamura 纹理特征和Haralick 纹理。

8.1　纹理特征谱

纹理特征是一种不依赖于亮度和颜色的反映图像中相邻像元相似信息的视觉特征。例如道路、树木、草地、建筑物等都有各自的纹理特征。纹理特征是所有物体表面共有的内在特性,包含了物体表面结构组织规律的重要信息以及它们与周围环境的关系。基于以上原因,纹理特征在遥感影像分析中得到了广泛的应用,用户可以根据纹理信息进行目标地物的提取,也可以检索包含一定纹理信息的其他图像。

特征谱是通过一定的方式来描述图像中基本特征的规律,最直接的方式是通过直方图这一简洁的方法对图像中最基本的信息进行描述,而对其他复杂的信息则通过这些基本信息的组合或映射来表达。图像特征谱所关注的问题是如何针对纷繁复杂的图像提取出其本质的特征。

20 世纪 70 年代,Haralick 等人从数学角度研究了纹理中灰度级的空间分布信息并最先提出了基于灰度共生矩阵的方法来提取纹理特征。之后,Tamura 等人在基于人类对纹理的视觉感知心理学的研究下提出了新的纹理特征的 6 个分量。共生矩阵的方法首先建立一个基于像素对之间方向和距离的共生矩阵,然后利用该共生矩阵计算出有意义的统计量来表示图像的纹理特征。与共生矩阵相比,Tamura 纹理特征中的所有纹理属性都具有视觉意义,而共生矩阵中的一些纹理属性(比如熵)却没有。

刘继敏在文献中给出了图像谱的一般定义。

对给定的一幅图像 $I(x,y)$,如果提取了 n 个特征区域 $O_i \subseteq D(1,2,\cdots,n)$ 且对于每个特征区域 O_i 用一个向量 V_i 来表示,即存在映射 ψ 使 $V_i = \psi(O_i)$,则图像 $I(x,y)$ 的特征谱可以表示为 IFS $= \{\text{Count}(V_i)\}$,其中 $\text{Count}(V_i)$ 表示 O_i 所包含的象元点的个数。

图像特征谱是用直方图对图像进行统计分析,其中用来刻画纹理图像特征谱的称为纹理谱。纹理谱刻画了图像像素点在某邻域内的灰度变化,Ojala 等人引入了局域二值模式作为纹理算子来分析图像纹理特征,考虑像素点 3×3 的邻域,用 $I(x-i,y-i)$ 表示图像在像素点 (x,y) 的邻域内的灰度变化,即灰度差。

$$I(x-i,y-i) = \begin{cases} 0 & I(x,y) - I(x-i,y-i) \leq \Phi \\ 1 & I(x,y) - I(x-i,y-i) \geq \Phi \end{cases} \qquad (8-1)$$

其中,Φ 为灰度差值量化的阈值。二值矩阵 $I(i,j)$ 可以看成是一个纹理基元(二值纹理模式),用来刻画 3×3 邻域内像素点的灰度相对中心点的变化情况。

用下列变换系数矩阵 G 将 3×3 邻域的纹理基元变换为一个 $[0,255]$ 的纹理模式值,

$$G = \begin{bmatrix} 2^5 & 2^6 & 2^7 \\ 2^4 & 0 & 2^0 \\ 2^3 & 2^2 & 2^1 \end{bmatrix},$$

其变换公式见式 $(8-2)$。

$$W(x,y) = \sum_{i=-1}^{1} \sum_{j=-1}^{1} I(x-i, x-j) G(i,j) \qquad (8-2)$$

将纹理模式值作为像素值,可得到纹理谱图像,它具有与原图像相似的视觉特征。对整幅图像中不同纹理模式值分布情况进行统计,可显示出图像总体纹理信息。因此,定义所有纹理单元出现频率为纹理谱,从而可生成纹理谱直方图。

8.2　基于 Tamura 纹理的方法

Tamura 纹理是 Tamura 等人在研究人类对纹理视觉感知的基础上提出的,从心理学的角度分析人类感知纹理信息的情况,进而进行纹理分析。Tamura 定义了 6 个纹理特征,分别为粗略度、规整度、线像度、方向度、对比度和粗糙度。在这 6 个特征中前面 3 个是后 3 个分量的二次定义,所以通常在应用中大部分都以前 3 个特征为主,后 3 个特征作为补充。Tamura 纹理在视觉上的优点使该技术在图像检索邻域应用非常广泛。接下来我们就着重讨论 Tamura 纹理的 6 个纹理特征和数学表达。

8.2.1　6 个重要 Tamura 纹理特征的描述

1. 粗糙度

从狭义的观点来看,粗糙度是最能体现纹理信息的一项。如果两种纹理模式只限于尺度的区别,那么具有较大基元尺寸的模式要比具有较小尺寸的模式给人的感觉更粗糙。很多学者都同意粗糙度是纹理最本质的特征这一说法。因此,为了更准确地提取纹理特征必须先对其进行有效的数学描述。下面将介绍粗糙度的计算过程。

(1)将分析图像以 $2^k \times 2^k$ 大小进行分割并计算子图像的平均灰度值,即有以下等式。

$$A_k(x,y) = \sum_{i=x-2^{k-1}}^{x+2^{k-1}-1} \sum_{j=y-2^{k-1}}^{y+2^{k-1}-1} g(i,j)/2^{2k} \qquad (8-3)$$

式中, $k = 0, 1, \cdots, 5$ 而 $g(i,j)$ 是位于 (i,j) 的像元灰度值。

(2)将第一步计算得到的 $A_K(x,y)$ 以 $2^k \times 2^k$ 为大小进行分割并分别计算垂直方向上和水平方向上相邻窗口之间的平均灰度差,计算公式如下。

$$E_{k,h}(x,y) = |A_K(x + 2^{k-1}, y) - A_K(x - 2^{k-1}, y)| \qquad (8-4)$$

$$E_{k,v}(x,y) = |A_K(x, y + 2^{k-1}) - A_K(x, y - 2^{k-1})| \qquad (8-5)$$

式中，$E_{k,h}(x,y)$ 为水平方向平均差，$E_{k,v}(x,y)$ 为垂直方向平均差，$k=0$，$1,\cdots,5$。

（3）在 $E_{k,h}(x,y)$ 和 $E_{k,v}(x,y)$ 中找到最大值对应的 k 值来设置最佳尺寸。

$$S_{\text{best}}(x,y) = 2^k \qquad (8-6)$$

（4）粗糙度的计算公式如下。

$$F_{\text{crs}} = \frac{1}{m \times n} \sum_{i=1}^{m} \sum_{j=1}^{n} S_{\text{best}}(i,j) \qquad (8-7)$$

2. 对比度

对比度是通过对像素强度分布情况统计得到的。确切地说，它是通过 $\alpha_4 = \mu_4/\sigma^4$ 定义的，其中 μ_4 是 4 次矩，而 σ^2 是方差。对比度是通过如下公式衡量的。

$$F_{\text{con}} = \frac{\sigma}{\alpha_4^{1/4}} \qquad (8-8)$$

该值给出了整个图像或区域中对比度的全局度量。

3. 方向度

Tamura 提出了计算方向度的快速算法，Tamura 方法的核心是构建方向角局部边缘概率直方图。计算方向度的步骤如下。

（1）计算每个像素处的梯度向量。该向量的模和方向分别定义如下。

$$|\Delta G| = (|\Delta H| + |\Delta V|)/2 \qquad (8-9)$$

$$\theta = \tan^{-1}(\Delta V/\Delta H) + \pi/2 \qquad (8-10)$$

式中，ΔH 和 ΔV 分别是通过图像卷积下列两个 3×3 操作符所得到的水平和垂直方向上的变化量。

$$\begin{array}{ccc} -1 & 0 & 1 \\ -1 & 0 & 1 \\ -1 & 0 & 1 \end{array} \qquad \begin{array}{ccc} 1 & 1 & 1 \\ 0 & 0 & 0 \\ -1 & -1 & -1 \end{array}$$

（2）构造方向角局部边缘概率直方图。

$$H_D(\Phi) = \frac{N_\theta(\Phi)}{\sum_{i=0}^{n-1} N_\theta(i)} \qquad (8-11)$$

式(8-11)中 $N_\theta(\Phi)$ 是当 $|\Delta G|$ 大于等于 t 且 Φ 值在 $(2\Phi-1)\pi/2n$ 和 $(2\Phi+1)\pi/2n$ 之间时像元的数量,t 为提前给定的阈值。

(3)图像总体的方向性可以通过式(8-12)得到。

$$F_{dir} = \sum_p^{n_p} \sum_{\Phi \in w_p} (\Phi - \Phi_p)^2 H_D(\Phi) \qquad (8-12)$$

式(8-12)中,p 代表直方图中的峰值,n_p 为直方图中所有的峰值。对于某个峰值 p,W_p 代表该峰值两侧谷底距离,而 Φ_p 是波峰的中心位置。

4. 线像度(Line-likeness)

线像度是对由线组成的线性纹理的描述。

$$F_{dir} = \frac{\sum_i^n \sum_j^n P_{D_d}(i,j) \cos\left[(i-j)\frac{2\pi}{n}\right]}{\sum_i^n \sum_j^n P_{D_d}(i,j)} \qquad (8-13)$$

其中,P_{D_d} 是局部矩阵 $n \times n$ 的方向共生矩阵。

5. 规整度(regularity)

规整度可以很容易地用数学形式描述重复的模式规律。但是由于自然纹理的复杂性,往往不像人工纹理那样有规律可寻。在缺少对象的形状和尺寸信息的情况下,要准确描述自然纹理的纹理信息就显得更难了。Tamura 假设图像中的任何特征的变化都会导致图像变为不规整的。因此采用将整幅图像分割为子图像,通过考察子图像的变化来反映整幅图像的情况。对于一个子图像考察如下 4 个独立的特征:σ_{crs}、σ_{con}、σ_{dir} 和 σ_{lin}。采用如下公式来计算规整度。

$$F_{reg} = 1 - r(\sigma_{crs} + \sigma_{con} + \sigma_{dir} + \sigma_{lin}) \qquad (8-14)$$

其中,r 是归一化因子;σ_{crs}、σ_{con}、σ_{dir} 和 σ_{lin} 分别是 F_{crs}、F_{con}、F_{dir} 和 F_{lin} 的标准差。

6. 粗略度(roughness)

由于没有好的描述粗糙度感觉是方法,Tamura 根据心理视觉实验结果用粗糙度和对比度来近似描述粗略度。

$$F_{rgh} = F_{crs} + F_{con} \qquad (8-15)$$

8.2.2　Tamura 纹理特征的提取

在前面介绍的 6 个纹理特征中选择前 3 个纹理特征进行实验。

首先,将图像以 3×3 大小窗口进行分割,活动窗口每次移动一个像元,这样前一个窗口和后一个窗口有 6 个像元是重合的。例如,有窗口图像的像元坐标值为矩阵 $P(i-1:i+1,j-1:j+1)$,则下一个窗口图像的像元坐标值为矩阵 $P(i:i+2,j-1:j+1)$,以此类推。其次,依次计算每一窗口图像的粗糙度、对比度、方向度并把计算得到的结果赋予窗口图像的中心点。

8.3 基于共生矩阵的方法

8.3.1 共生矩阵概述

共生矩阵法在图像的纹理特征分析中具有广泛的应用,常用的共生矩阵有灰度共生矩阵、灰度 – 梯度共生矩阵、灰度 – 平滑共生矩阵。其中灰度共生矩阵方法简单,易于实现,被公认为有效方法,具有较强的自适应能力和鲁棒性,同时还有利于反映图像纹理的方向性,所以被广泛应用于图像纹理分析中。

8.3.2 灰度共生矩阵(GLCM)的定义

灰度共生矩阵是共生矩阵的一种,它是图像纹理分析中常用的具有良好目标分类效果的特征提取方法。它基于图像灰度联合概率矩阵,通过计算图像邻近像元灰度级之间的二阶联合条件概率密度来表示纹理,用 $P(i,j|d,\theta)$ 来表示在给定的空间距离 d 和方向 θ 上,相邻的灰度级象素对 (i,j) 出现概率。d 表示统计象素对的相对距离,θ 表示统计的方向。

一幅图像的灰度共生矩阵能反映出图像灰度关于方向、相邻间隔、变化幅度的综合信息,它是分析图像的局部模式和它们排列规则的基础。

设 $f(x,y)$ 为待分析的遥感影像,其大小为 $X \times Y$,灰度级别为 N,则满足一定空间关系的灰度共生矩阵如下。

$$P(i,j) = \text{Count}[(x_1,y_1),(x_2,y_2) \in X \times Y | f(x_1,y_1) = i, f(x_2,y_2) = j]$$

$$(8-16)$$

式中,Count 表示在一定距离下,两个像元的灰度值分别为 i、j 出现的次数,P 为 $N \times N$ 大小的矩阵。若用 d 表示两个象元点 (x_1,y_1) 和 (x_2,y_2) 间的距离,θ 表示统计的方向与横轴的夹角,则可以用 $P(i,j|d,\theta)$ 来描述得到的方向共生矩阵。

简单地说,灰度共生矩阵就是灰度在一定方向上、一定间隔距离的变化幅度。它其实就是把当前图像的灰度值进行排列组合并统计其出现的频率而得到的矩阵。

8.3.3　灰度共生矩阵导出的纹理特征及相关性研究

基于共生矩阵可以计算出一系列统计特性参数作为描述图像的纹理特征量。在纹理特征参数的选择上已有很多国内外学者做过研究,提出 14 种表示纹理特征的参量。Andrea Baraldi 等经过对 6 个纹理特征的研究认为对比度和熵是最重要的两个特征。薄华等人通过对各纹理特征的分析认为 3 个不相关的且分辨力最好的 3 个特征为:对比度、熵和相关性。本实验综合考虑以上研究成果并考虑到计算效率的问题采用以下几个典型的纹理特征进行分析:角二阶距、相关性、熵、逆差距和惯性矩。

为了能更直观地以共生矩阵描述纹理状况,从共生矩阵导出一些反映矩阵状况的参数,典型的有以下几种。

1. 角二阶矩(angular second moment)

角二阶矩也叫能量,是反映纹理的粗细程度和灰度分布均匀性的度量。从能量的计算公式(8-16)可以看出,能量值是由共生矩阵中各元素的平方和计算得到的。当影像中的灰度分布比较均匀或纹理比较粗时,计算得到的灰度共生矩阵中元素将集中在主对角线上,由此计算得到的能量值就比较大。相反,如果此值较小则反映出图像上的纹理较细或灰度分布不均匀。

$$E(d,\varphi) = \sum_i \sum_j \left[p(i,j \mid d,\varphi) \right]^2 \tag{8-17}$$

2. 对比度(惯性矩,inertia)

图像的对比度可以理解为图像的清晰度,反映了图像的清晰度和纹理沟纹深浅的程度。纹理沟纹越深,其对比度越大,视觉效果越清晰;反之,对比度越小,则沟纹越浅,效果越模糊。灰度差,即对比度大的象素对越多,这个值就越大。对某一种纹理来说,沿着纹理方向得到的惯性值最小,而垂直纹理方向的惯性值最大;较细的纹理的惯性 I 比较粗的纹理的大。计算公式见公式(8-17)。

$$I(d,\varphi) = \sum_k k^2 \left[\sum_i \sum_j p(i,j \mid d,\varphi) \right], k = i-j \tag{8-18}$$

3. 相关性(correlation)

相关性度量图像中象元灰度在一定方向上的相似程度。如果图像上的地物具有水平方向的纹理,则由 0°方向的灰度共生矩阵计算得到的相关性值 C 通常要大于由其他 3 个方向的灰度共生矩阵计算得到的相关性值。

$$C(d,\varphi) = \frac{\sum_i \sum_j ijp(i,j \mid d,\varphi) - \mu_x\mu_y}{\sigma_x^2\sigma_y^2} \qquad (8-19)$$

式中: $\sigma_y^2 = \sum_j (j-\mu_y)^2 \sum_i p(i,j|d,\varphi)$; $\sigma_x^2 = \sum_i (i-\mu_x)^2 \sum_j p(i,j|d,\varphi)$; $\mu_x = \sum_i i$ $\sum_j p(i,j|d,\varphi)$, $\mu_y = \sum_j j\sum_i p(i,j|d,\varphi)$ 。

4. 熵(entropy)

熵是图像所具有的总的信息量的度量,见式(8-30)。当然,纹理信息是图像信息的一部分,在其他信息一定的情况下,若熵值大则相应的纹理信息也比较大。总的来说,图像越复杂,熵值就越大;如果几乎没什么纹理(灰度比较均匀),则熵值也会较小。

$$H(d,\varphi) = -\sum_i \sum_j p(i,j \mid d,\varphi)\log p(i,j \mid d,\varphi) \qquad (8-20)$$

5. 局部均匀性(逆差距,homogeneity)

局部均匀性反映图像纹理的同质性,度量图像纹理局部变化的多少。值得一提的是,局部均匀性的计算是根据灰度得到的,局部均匀性值大并不能绝对地真实反映纹理信息。受到影像质量的影响,有些目标虽然在真实世界是同一地物,但在影像上并不一定就具有一样的灰度。局部均匀性的计算公式如下。

$$L(d,\varphi) = -\sum_i \sum_j \frac{1}{1+(i-j)^2}p(i,j \mid d,\varphi) \qquad (8-21)$$

图像匀性程度越高,均匀性指标 L 的值就越大,反之 H 的值就越小。

除了以上常用参数,还有差熵、方差和、均值和、方差、协方差、和熵等,当然也可以根据需要来自定义一些纹理特征参数。

虽然以上这 10 个特征参数都能表达纹理的某些特定信息,但存在信息冗杂、重复表述的问题。同时,如果 10 个纹理特征全部采用,则计算成本会非常高。这么多的纹理特征要如何选择,就成了我们目前的问题。所以我们需要对这些特征进行筛选,本文的纹理特征筛选工作主要是通过相关性分析来完成的。

通过对相关系数矩阵的分析我们可以达到筛选纹理特征的目的。首先,我们将相关系数矩阵中相关系数大于 0.90 的特征去除。先从方差开始分析,我们去除方差和,因为方差和方差和的相关系数为 0.96;其次,去除和熵,因为方差与和熵的相关系数为 0.92;接着去除均值和项(与方差的相关系数为 0.91);最后,对熵进行分析,由于熵与和差熵的相关系数为 0.93,所以去除差熵。经过相关分析后剩下的相关性较小的纹理特征分别是能量、对比度、局部均质性、熵和逆差矩。

8.3.4　关于各参数对纹理特征影响的研究

1. 步长对各纹理特征的影响

分析 d 取不同值对纹理特征参数值的影响。为忽略方向差异的影响,使特征参数值成为与图像旋转无关的量,可以固定其他参数来研究纹理特征参数值随 d 增大的变化情况。

于海鹏等人通过研究木材纹理信息随 d 的增长变化情况指出,当像素点对间距 d 从 1 增加到 5 时,能量、对比度、相关性、逆差矩、差的方差、差熵的值均受到一定影响;而方差、均值和、方差和、熵、和熵受到的影响较小或无影响。随着 d 的增大,能量、相关性、逆差矩的值逐渐减小呈下降趋势,至 d 为 2 时渐缓,在 d 等于 3 至 5 间无大的变化,基本保持一致;随 d 的增大,对比度、熵、差的方差、差熵呈上升趋势,至 d 为 2 时渐缓,在 d 等于 3 至 5 间基本保持一致。因此,d 取 3 时,纹理特征参数值具有较好的代表性。

苑丽红等人也对距离 d 的取值进行过相应的研究,得到如下结论。试验选取的距离参数范围为 1～15,由于距离增大会造成两像元之间的像素信息丢失增大,因此,距离长度不宜过大,否则将会严重影响纹理特征的准确性,造成灰度共生矩阵无法有效地提取到纹理的细节信息。固化移动窗口为 16,灰度级为 8,得到每幅图片的 4 个特征值,最终得到 4 个特征值随距离变化的曲线图。经过分析认为,对于能量和熵曲线,各特征值普遍变化缓慢,在距离为 4～8 时尤其平稳,在距离大于 8 时开始逐步回升或下降;而惯性矩和局部平稳曲线随着距离的增大而显著变化,但也可找到在 4～12 的较平稳区域,变化平稳说明在这一区间内距离对特征值的影响较小,提取的特征比较稳定。同时,此区间内不同纹理图像的特征值差距明显,有利于图像分类或检索时的特征识别。

2. 图像灰度级的选择

在图像分析过程中,要对大量图像进行灰度共生矩阵的计算,如果灰度级选取太大,必然会增加共生矩阵的计算量,从而影响影像分析的速度。因此,要适当地对灰度级进行压缩。本文将灰度级量化为 8,16,32,64,128,256,将距离和窗口固化为 8。从实验结果看出,整体上,随着灰度级的增大,惯性矩和熵两个特征值是逐渐增大的,而能量和局部均匀性值是逐渐减小的,各曲线变化迅速、变化范围也较大。灰度级小于 16 时,不同纹理的惯性矩即对比度拉近;灰度级取 128 和 256 时,惯性矩变化明显,其余特征曲线趋于稳定。灰度级的选择要权衡实时性要求和纹理特征的反映能量两个方面。这两个方面是一对矛盾体,如果对实时性要求较高,只能牺牲部分纹理特征来达到要求,如果对实时性要求不是很高,而是对纹理特征的提取精度要求较高,则可以用牺牲计算时间的方式来达到要求。

在不影响图像纹理特征的前提下,可以尽量缩减灰度值的范围。对原本灰度分布于较小范围内的图像,可先进行直方图均衡化处理,增加灰度值的动态范围,然后再进行灰度级压缩。由于灰度级决定子图像对应的公式矩阵的大小,当图像大小为 $P \times Q$、灰度级为 256 时,要计算 $P \times Q$ 个 256×256 大小的灰度共生矩阵。计算量可想而知,所以通常根据具体实际情况压缩灰度图像的灰度级来达到减少计算量的目的。

3. 纹理方向的选择

计算过程中用到的方向通常是 0°、45°、90°、135° 4 个方向,这是几乎所有学者都采用的方法。由这 4 个方向可以计算得到 4 个方向共生矩阵。当然,如果在具体应用中只对某一方向上的纹理感兴趣,则可以只用其中某几个方向。

4. 开窗的大小对纹理特征的影响

选择原则:

(1)图像窗口过大,会使同一窗口内含有若干类不同的纹理基元,造成分析结果不明确,而且当窗口尺寸较大时对于每类的边界区域误识率较大;选择的窗口过小又会使图像窗口内包含不了一个完整的纹理基元,使信息不完整,不仅使结果发生错误,而且增加分析的工作量。

(2)考虑图像纹理的细腻程度。对于粗糙纹理,窗口可取大一些;对于细腻的纹理,窗口可取较小一些。

因为开窗大小会直接影响纹理特征参数,且国内外很少有学者对此进行研究,仅有的几篇文献也是非常具有针对性的研究,通用性不是很强,为此将做下面的实验来选择合适的开窗大小。实验中固化距离为 1 和灰阶数 256,选取的窗口大小矢量 size = [3 5 7 9 11 13 15 17 19 21 23 25 27 29]。考虑到高分辨率影像的纹理细节和面向对象的分割研究,此实验不考虑开窗大于 30×30 的情况。

相关性随窗口的增大基本上是先增大后减小的趋势,当窗口大小为 30 左右时趋于平稳。由于相关性反映像元间的相似程度,因此,该值越大说明像元间的相似程度越高。

惯性矩随窗口由小变大的变化基本是先震荡变化后趋于平稳。由于惯性矩是对纹理清晰程度的描述,因此,该值越大反映的纹理越清晰。

逆差矩随窗口由小变大的变化基本是逐渐减小,然后趋于平稳。逆差矩是反映纹理的规则程度。纹理杂乱无章、难于描述的,逆差矩值较小;规律较强、易于描述的,逆差矩值较大。所以,开窗越小越容易描述纹理规则,因此我们的合理选择范围为 3 ~ 12。

根据以上各特征值随图像窗口大小变化规律和窗口不能太大的原则,下面的实验选取窗口大小为 5 × 5,此值考虑了能量值不太小,熵值不太大,同时也兼顾到相关性、逆差矩和惯性矩有一定的区分度。

5. 综合灰度共生矩及纹理阵特征的提取

由于本文的研究对象是遥感图像,其纹理特征不具有特定的规律性,为了提取较可靠的纹理信息,本文将从 4 个方向来提取纹理特征信息。在这 4 个方向分别求得 4 个共生矩阵 $P(i,j,n), n = 1,2,3,4$。然后把这 4 个共生矩阵进行归一化,得到一个综合灰度共生矩阵。通过综合共生矩阵可以导出一个含有 5 个纹理特征参数的向量 Vi = [Energy Entropy Correlation Inertia Homogeneity]。

8.4　本章小结

这两种纹理分析方法在图像纹理分析中占有重要的地位,各有所长。Tamura 纹理由于在视觉上更有优势,所以更多地应用于图像的匹配和检索上。共生矩阵注重更深层次的"实质"性的纹理信息,近年来在遥感图像分析中的应用越来越多。后来也有很多学者都做了这方面的应用。

由于 Tamura 纹理是基于视觉感知的心理学的基础上的,Tamura 纹理特征要比灰度共生矩阵得到的纹理特征更直观,在视觉效果上更有优势。这一点我们从纹理特征图像与纹理特征图像的对比中可以明显地看到。从计算时间上来看,对同样的一幅 361 × 245 图像灰度图像用灰度共生矩阵方法提取 5 个纹理特征(角二阶距、相关性、熵、逆差距、惯性矩)所花费的时间是 4 小时左右(没有对图像的灰度级进行压缩),而用 Tamura 纹理法提取 3 个纹理特征(粗糙度、对比度、方向度)所花时间为 7 分钟左右,从而能明显看出,用共生矩阵的方法在时间花费上是相当昂贵的。

　　共生矩阵比 Tamura 纹理更灵活，因为共生矩阵可以根据目的任务的需求调整纹理的计算方式。例如，当对计算时间要求较高时，可以调整灰度阶来降低计算时间；当对纹理细节不关心的时候，可以调整开窗尺寸以满足对更大的纹理块的刻画。

第9章 基于电磁传感器的数据处理

随着科学技术和人类认识世界需求的不断发展,传统的机器视觉已经不能满足人们对于三维物体识别的要求。与灰度图像相比,深度图像具有物体三维特征信息,即深度信息。由于深度图像不受光深照射方向及物体表面的发射特性影响,而且不存在阴影,所以可以更准确地表现物体目标的三维深度信息。

在 VSP(view synthesis prediction)中,一个重要的问题就是计算、编码和传输准确的深度图像。多视图视频通信、自由视点视图以及 3D 播放等都需要深度图像。所以在编码器端必须获取场景深度图,进行一定的处理后再把它传送到解码器端。深度图在视频编码中的作用很大,可以有效提高多视图图像传输和多视图视频传输的编码效率。本章将基于平行双目立体视觉系统首先获取视差图像,再将视差图像转化为深度图像,并根据视图合成预测做初步处理。

9.1 绪论

传统机器视觉是把三维景物投影成二维图像,然后通过建立该图像数据与成像过程及景物特征的数学关系来恢复三维景物。因损失了深度等信息,且三维重建手段缺乏,所以重构三维景物不是唯一的,这使机器视觉的发展和应用受到限制。特别是没有深度信息,就难以实现三维非接触测量。准确得到场景的深度信息可以弥补以上的不足。此外,深度图像与环境光照和阴影无关。三维像素点清晰地表达了景物的表面几何形状。与从灰度图像中提取三维物体几何特征的方法相比,深度图像处理对景物的几何和物理特征都没有特别的限制。它直接利用三维信息大大地简化了三维物体的识别和定位问题。这开辟了机器视觉的一个新途径。基于视觉概念的深度图像是以三维视觉传感器所获得的三维图形、图像为基础来进行处理的,具有速度高、效率高、自动化程度高、投入低等优点。该技术可在医学、考古、服装、假肢、模型等行业辅助产品生产;可对不允许接触的复杂工艺具有弹性、塑性材料制品的形状进行测量,在 CAD、CAM、逆向工程(RE)、快速成型(RE)等领域迫切需要应用这种测量技术。这涉及汽车制造、通信、家电、模具、航天和五金等诸多行业。在工业生产和现实生活中有着广阔的应用前景。此外,深度图像在中间视图合成中也起到了重要的作用,这是本章深入探究的起点。

注意,后续小节的工作开发平台为:一个基于 AMD2800 + 的开发工作站,主频为 1.61 GHz,使用序列为 breakdancer rena。

后续小节的安排如下。

(1)第 2 节系统地介绍现有的深度图像的概念以及其获取方式。

(2)第 3 节介绍立体视觉中平行双目系统获取深度图像的方式。

(3)第 4 节介绍从深度图像搜索算法中得到深度图像并在其中进行数据处理。

(4)第 5 节对实验结果进行了分析对比。

(5)第 6 节介绍了智能图像传感器的应用。

9.2 国内外深度图像处理技术

深度成像传感器可分为:主动式和被动式,接触式和非接触式。主动式是向目标发射能量束激光、电磁波、超声波,并检测回波。被动式的传感器主要利用周围环境条件成像。接触式需要被测物体或与被测物体距离很近。非接触式顾名思义,不需要接触被测物体。

由于被动式深度传感器受环境影响很大,以及测量装置精度要求高的限制,这种传感器的应用范围受到很大的限制。而主动式深度传感器却不受以上条件的限制。所以主动式深度传感器拥有最大的应用范围,而且拥有很多成功的例子。目前,主动式传感器成为发展的重点。

9.2.1 深度图像获取技术介绍

激光雷达深度成像的基本原理是每隔一定时间间隔向被测目标发射信号并检测回波,以确定距离。传统的雷达传感器使用无线频段的电磁波做载波来探测飞行目标。在计算机视觉中,一般使用激光或者红外光。使用激光的距离传感器叫激光雷达相机。此类传感器根据时延又可以分为脉冲式激光雷达成像仪和调制波激光雷达成像仪。深度图像的获取及处理其获取深度图像的一般公式如下。

$$R = \frac{\Delta t}{2} \times C \qquad\qquad (9-1)$$

式中,C 为光速,Δt 为间隔时间,R 为深度数据。

随着激光技术和半导体技术的发展,激光测距因其高速度、高精度而受到人们的广泛关注。人们不断研制出高性能的激光测距系统。斯坦福大学、加州理工学院 JPL 实验室,以及 Hersman 等人都研制出了较高精度的激光测距系统。

9.2.2　坐标测量机法

坐标测量机(coordinate measuring machine,CMM)又称三坐标测量机。它是以精密机械为基础,综合应用光学、电子技术、计算机技术等先进技术的测量仪器,主要包括 4 个部分:坐标测量机机体、数据处理及控制系统、测头、测量及控制软件。应用坐标测量机获取深度图像时必须连接相应的处理系统。在测量时,将被测目标放入其容许的测量空间内,并测得目标几何型面上各测点的三维坐标值,通过计算即可得到被测目标的几何形状以及相关尺寸,得到深度图像。

坐标测量机的优点在于测量精度高、效率高、通用性好,它是现代科学研究、工业生产必不可少的精密测量仪器。按照测量精度,坐标测量机可以分为计量型和生产型两种。计量型坐标测量机一般放在有恒温条件的计量室内,用于精密测量,其测量分辨率最高可达 0.1μm,空间任意方向的测量不确定度为 5μm/m 以下;生产型坐标测量机一般放在生产车间用于生产过程中的检测,其测量分辨率最高可达 1μm,空间任意方向的测量不确定度为 5μm/m。

9.2.3　莫尔条纹法

莫尔条纹技术利用刻有高频等间距条纹的标尺光栅与指示光栅相重叠,并且二者之间有一个很小夹角时相对运动形成低频莫尔条纹的原理。利用莫尔条纹技术进行深度图像获取是基于被测深度包含于被测物体表面所调制的条纹相位信息中从中可以解调出被测目标表面深度图像的原理。

按照解调的方法不同,莫尔条纹法又可以分为莫尔等高线法、傅里叶变换轮廓法、步进移相法、空间相位探测法。利用傅里叶变换轮廓法(FTP)获取物体表面深度图像,最大范围为 1 m,测量精度优于 0.3%,重复精度优于 0.1%。相对于其他投影光栅条纹强度进行分析并还原的相位,该方法不需要较均匀的光栅图像,相位还原直接由条纹分析实现。其测量精度主要依赖于条纹中心位置的定位精度。由予采用发散照明,故可测量较大物体。但对光栅条纹较为复杂。采用交叉光轴投影光栅系统,可以获取 70mm(长)×70mm(宽)×60mm(高)范围内的目标深度信息,误差为 0.032mm。

9.2.4　结构光法

随着光电技术和计算机技术的发展,尤其是高分辨率 CCD 摄影机的出现,以及视频影视技术的进步,使计算机可以直接得到数字成像,而不是利用传统模拟相机的暗房和扫描技术。速度和效率的提高,从一个侧面上,能够促进传统结构光(structured light)技术的发展。注意该技术在计算机视觉界也被称为 structure from motion 不同,后者由于采用绝对测量,因此可以推导出精确结果,也被称为运动恢复形状法。

基于结构光的深度图像获取技术是一种依据摄影测量理论的,既利用图像作为信息载体,也利用可控光源的技术。它的最大优点是可以改善一些特殊情况下的三维深度信息精度。例如,对于一些光滑、缺乏纹理、无明显灰度、形状变化的表面区域,结构光可以在物体表面上形成明显的条纹,从而避免了在信息贫乏的区域,难以匹配相关同名点的难题。大多数结构光都采用了单个相机加结构光源的硬件环境,在实现自动测量的系统中,大都利用光截面结构光来进行。

目前,结构光法仍然主要处于各国和主要研究机构的实验室中。Rioux、Haggren、Lorenz 等发表了多种结构光单点测距系统。除了单点法,Shirai 和 Will 又采用了结构单线法,让激光通过圆柱透镜产生线光源,并通过步进电机以匀速转动光束,使光束扫过被探测物体表面,从而获取一系列图像进行信息提取并测量。上述方法均需要多幅图像,计算量大、对仪器精度要求较高,实现起来比较困难。现在大多数情况下的方法是利用点光源对光栅进行投射,形成的光栅光面以扇形发射出去投到物体表面,利用光条的光平面与接收器之间的关系获取深度图像。这种系统结构简单、精度高,得到了广泛的应用;其缺点是计算复杂。多线结构光法是近年来新近的研究热点之一。主要是通过投射源投射多条纹结构光模式,通过图像传感器获得经过目标表面调制,携带目标表面深度信息的条纹图像,经过计算完成深度图像的获取。多线结构光系统结构简单、精度高、有着广泛的应用前景。为了解决多条纹图像中不同条纹的定位和匹配问题,很多研究者引入了大量编码和解码的方法以分辨不同的结构光条纹。

对于条纹的编码,主要有以下三大类。

· 空间编码。

· 灰度编码。

· 彩色编码。

根据国内外文献资料,可以归纳出如下两大类方法。

(1)改变光源的位置和方向,将光源设想为一个影像不变的相机,并与真实相机构成一个立体量测系统,通过改变光源的位置和方向,使光截面与目标物的交线逐渐覆盖物体的整个待测区域。

(2)改变目标的位置,使光截面遍历被测物体的整个待测区域,通过定向建立结构光光截面二维空间与影像平面的转换关系,结合采用适当手段测定目标的运动情况,从而获得物体表面的三维坐标。

这两种方法都有一个共同的特点,即利用单相机,只进行一次相对于物体二维控制平面的定向,利用所摄影像测定物体与结构光光截面交线在物体空间坐标系的坐标,与控制平面坐标系正交的另一维坐标则通过机械量测得到。在深度图像诸多的获取方法中结构光法以其大量程、大视场、较高精度、光条图像信息易于提取、实时性强及主动受控等特点,近年来在工业环境中得到了广泛的应用。更重要的是,由多个视觉传感器可以组建一个柔性的空间三坐标测量站或称为多视觉检测系统,以完成对各种物体的深度图像的全自动实时获取,也是当前结构光法获取深度图像应用中的主要研究内容之一。

9.2.5 立体视觉技术

相对于获取深度几何信息的主动式方法,采用传统计算机视觉的方法获得深度信息的方法称为被动式方法,又称计算机立体视觉。立体视觉按需要的图像数目分为3类。

· 利用一副图像的图像理解方法。

· 利用两个不同的观察点获得同一个物体的两幅图像,恢复物体三维信息的双目立体视觉。

· 利用多个观察点获得多幅图像的多目立体视觉。

其中双目立体视觉直接模仿了人和许多动物通过双眼获得景物的深度信息

的方式,得到了更为深入的研究。被动式方不需要结构光、激光等人为的特殊光源,使得其应用范围极其广泛。已经被应用于自动制图、航空导航、机器人、工业自动化、显微立体成像等方面。立体视觉目前存在的问题是缺乏统一有效的理论框架,从而限制了研究的进一步深化。Barnard 和 Dhond 分别给出了立体视觉技术的基本组成部分,但只能说是对立体视觉的具体描述。Barnard 将立体视觉划分为 6 个部分,分别为图像获取、摄像机定标、特征提取、图像匹配、深度确定及内插。与 Barnard 的划分方法不同,Aggarward 和 Dhond 将立体视觉技术分为 3 个步骤:预处理、匹配和深度信息恢复。

双目立体视觉技术主要有 3 种配置方案:一般摄像机配置、平行摄像机配置和会聚摄像机配置。其中,平行摄像机是最简单的配置方案,并且其他两种配置方案可以统一到平行摄像机配置中。在双目立体视觉技术中要研究的重点问题就是摄像机几何问题。由于侧重点问题,我们认为此处没有必要为读者全部呈现出来,有兴趣的读者可以自己去学习探索。

9.2.6 深度图像处理理论国内外现状

深度图像的发展在 20 世纪 70 年代,Marr 从神经生理学、心理物理学和临场病理学对人的视觉进行了系统的理论研究,并以此为根据提出了他的计算视觉三表象理论。该理论第一次把复杂、神秘的视觉过程变成一个可计算的信息处理过程,为计算机视觉提供了理论框架。Marr 的视觉计算理论受到图像分析、模式识别、视觉神经心理、心理及人工视觉研究工作者的普遍重视。由此发展出来的重建学派成为计算机视觉的主流学派。他们认为计算机视觉对具体目标应该是一个物体的一个或者几幅图像定量地、精确地决定场景中物体的形状、位置、物理特性,对景物进行 3D 重建。

20 世纪 80 年代,尽管计算机硬件能力飞速发展,但是在理论分析方面并没有明显的突破,所以人们对 Marr 的 3D 重建理论产生了怀疑,并开始认识到该理论框架的不足。他们对 Marr 的批评主要集中在两个方面。

· 把视觉完全看成一个被动行为,缺乏主动性以及与世界的互动。

· 局部优先,引入大量噪声。

当然在本书中,光度积分法充分解决了这类问题。另外,局部优化被全局光度积分取代。

为了解决视觉实际研究中遇到的问题,Aloimonos,Bajcsy 等创造了"目的主动定性学派"。

20 世纪 90 年代初期,国际权威杂志 CVGIP 就组织了两次大的讨论,讨论中一些学者从科学的高度提出了视觉与重建无关、光表象的视觉及无重建的表象,从根本上否认 3D 重建,深层次地触及了计算机视界的根本问题。本书在这里认为,利用纯形式逻辑方法,特别是数学方法,有可能处理视觉问题,但是实际工作中,有可能是先由 3D 重建完成视觉和人工智能的基本问题,然后由人工智能自动完成数学方法解决视觉问题。当然,这是题外话,但在这里,我们认为作为重要的结论,可以有效地引导读者对 3D 重建以外的计算机视觉算法有所了解。

计算机视觉已有 40 多年的研究历史,几十年的研究工作虽然出现了为数不少的专用计算机视觉系统。在理论研究方面也有了些范型(paradigm),积累了一些方法和工具。但由于它是一门交叉性很强的学科,不仅涉及计算机、数学、光学、最优控制、神经心理学和临床病理学等学科,还涉及哲学、认知心理学以至美学等社会学学科。研究工作遇到了相当多的问题。在技术上,由于最初缺少商业化的、具有足够精度的三维图像传感器,在开始阶段的研究中,普通光学图像是应用最为普遍的一种图像数据。然而随着计算机视觉应用的日益广泛以及自动化程度的进一步提高。人们对于计算机视觉系统的要求也越来越高,在诸如机器人导航、飞行器导航、工业零件检测及抓取以及流水线缀装等需要三维场景分析的计算机视觉应用领域中,三维深度信息对于系统的任务完成和性能是至关重要的。

心理学的研究表明,人类的视觉系统在识别和理解景物时候,应用了大量的基于视觉的深度信息,这给计算机视觉研究人员带来一个重要启示:可直接从深度信息出发,研究基于深度图像的视觉系统,这也正是 Marr 理论的基础。近年来,基于激光测距的深度传感器已经普及,所以深度数据渐渐能为人们所利用,也随之引起人们的重视。深度成像传感器用来测量景物表面的三维坐标数据,它的输出称为深度图像,深度图像与环境光照和阴影无关,它的像素点清晰地表达了景物的表面几何形状。从灰度图像中提取三维物体几何特征的方法,是本书的研究方向,也是可预测未来计算机视觉的主要任务。

深度图像的研究重点主要集中在以下四个方面。

·深度图像的分割。

·从多幅深度图像中重建物体的三维模型。

·用深度图像的三维物体识别。

·深度数据的多分辨率建模和几何压缩。

目前,许多学者提出了深度图像的分割算法。但通用的、抗噪声性能强的、稳定的深度图像分割算法还很少,这方面一直是深度图像处理的热点、难点之一。三维物体识别是图像分析的传统问题,也是计算机视觉的关键核心问题之一。

深度图像数据作为一种景物的三维表达形式,由于数据量非常大,存储、显示、传输问题一直受到计算机视觉工作者、计算机图形学研究者的关注。如何采用有效的方法对深度数据压缩、多分辨率建模、表面简化以及逼真显示等在实际应用中越来越引起研究者的重视。

1. 深度图像边缘检测技术

在工业领域特别是在机器人视觉、自动导航、工业零件的自动监测和自动装配等领域得到了越来越广泛的应用。在国家科学基金会(NSF)的支持下,在美国密歇根大学(University of Michigan)召开了深度图像分析及理解的专题大会。在国际上形成了深度图像研究的热潮,主要以美国、德国、日本等国家为代表。目前,用深度图像传感器获取深度图像的技术日趋成熟,在获取时间和测量精度上与以前相比多有显著提高,深度图像的处理和分析的研究也越来越重要。当前,深度图像的研究重点方向主要集中于以下四个方面。

(1)深度图像的分割。

(2)深度图像字重建物体三维形状。

(3)利用深度图像的三维物体识别。

(4)深度数据的多分辨率建模和几何压缩。

深度图像处理最成功的应用是在运动机器人上。深度图像作为人眼的仿生来感知探测环境中的危险区域,以识别出安全轨迹。它首先将深度图像转换为地貌高度图,其次通过图像分析,寻找出环境中的障碍物。

此外,深度图像还有以下功能。

(1)齐套与排列检查,即检查被测对象中是否包含了要求出现的部件和元件。

(2)表面检查,如喷气式发动机叶片小裂缝、电子线路扳浮点检测。

(3)计量,如直径、长度、厚度等。

在德国卡尔斯鲁厄大学 Paul Levi 教授的指导下,Jianchi Wei 博士研究出了视觉系统,他在 VAX 工作站上采用深度图像与密度图像融合的方法,极大地提高了工业机器人识别机器零件的能力。

在国内,深度图像的研究也正在进行。南京理工大学计算机视觉实验室采用深度图像和灰度图像互补信息进行特征摄取和重构三维物体的研究。北京工业大学计算机学院利用深度图像和灰度图像的边缘、顶点、物体表面属性等规则,进行特征提取的研究。海军工程大学兵器工程系采用深度图像、雷达图像进行识别的研究。这引起了国内科技工作者对深度图像研究的重视,也带动了图像处理研究者对深度图像研究的热情。虽然学者提出了许多深度图像分割算法,目前通用的、抗噪声性能强的、稳定的深度图像分割算法还很少,这方面也是深度图像处理的热点和难点之一。

常用的边缘检测方法主要有以下四种。

(1)梯度算子和 Robert 算子。

梯度算子采用深度图像的互相垂直方向上相邻像素点的灰度值差分;Robert 算子使用对焦线方离稻邻两像素艨梯发差分。当梯度幅度发生突变时就得到边缘点。这两种算子的缺点是对噪声十分敏感,应用较少。

(2)二阶导数法。

这种方法不是直接检测像素的阶跃变化,而是寻找阶跃边缘二阶导数的过零点,即零交叉点,并把它作为边缘点。常见的方法有两种:一种方法是先对图像进行高斯滤波,然后再进行拉普拉斯运算,摄取零交叉;另一种方法是对图像用一个曲面进行拟合,再沿梯度方向找出二阶方向导数的交叉点。

(3)亮条纹深度图像的边缘检测。

结构光法是三维测量最常用的方法之一,也是获取深度图像的主要方法之一。将结构光形成的光图案投射到物体上,光图案被物体的表面形状调制,图案形状发生变化。针对条纹图像所得到的深度数据进行分析,可以提取重要的边缘线。

(4)Prewitt 和 Sobel 算子。

前后两周算子都是 3×3 算子,先进行平均再差分;后者是先加权平均再差分。对图像进行平滑作用。

2. 基于神经网络的深度图像处理

神经网络自创立以来,就在视觉信息的处理中得到了广泛的应用。如基于神经网络的图像恢复和分割等。神经网络是研究人感是如何提供给人类诸如感知理解、推理学习等能力,以及这些"计算"是怎样在人脑中组织和进行的。神经网络有两个重要功能:联想记忆和自组织。因而,基于神经网络的视觉处理的研究课题自然而然地摆在了计算机视觉研究者的面前。神经网络深度图像处理成为可能。视觉神经生理学和心理学的研究表明,在人和某些生物的视觉系统中,视觉信息处理可根据其复杂度和任务在不同的层次实现,而且某些视觉处理功能块已经用实验方法分离出来。因而,基于分层和分块的神经网络深度图像处理系统的研究,近年来已经取得了很多新进展,神经网络潜在的并行处理特性也为视觉系统进入实用阶段提供了解决方法。

3. 基于图像融合技术的深度图像处理

深度图像处理的一个重要发展方向是多传感器视觉系统的研究,即在视觉的不同层次处理中,将视觉信息及由其他传感器来的多方面信息融合起来,以期得到更好的分析和理解结果。经过融合的多传感器视觉系统具有信息冗余性、信息互补性、信息实时性及信息的低成本等特点。Hibre 移动机器人是首次用多传感器信息形成未知环境实物模型的移动机器,它将触觉、听觉、二维视觉及激光测距等传感器结合起来,使之在未知环境中完成操作任务。在这类系统的研究中,深度信息由于其自身的特点,给融合系统提供了更加精确的信息描述。

4. 深度图像分析

深度图像分析的一个重要目标是,从图像的深度数据中,求得图像中有什么物体、它的几何形状及在三维世界的位置。在物体形状识别中,几何信息具有十分重要的作用,与灰度图像相比,深度图像数据包含更精确的几何信息。在深度图像分析及应用中,常使用含有噪声的深度数据,如高斯噪声,因为高斯噪声在平行双目系统中比较接近真实的噪声模型。要较精确地恢复物体的几何形状,就必须进行去噪声滤波处理。

图像识别研究的对象已从早期的积木世界,逐步发展到曲面物体。目前,超二次曲面物体的识别问题受到越来越多国内外学者的重视。从深度图像中较易求得物体表面曲面特征,及物体表面的超二次曲面表示。深度图像分析在曲面物体的识别中有着十分重要的作用。物体的识别方法和物体的表示及特征抽取直接相关,如可以将一个零件的结构问题分解为两个孤立的静态问题。目前,物体识别研究的趋势是从整体及系统的观点来看待物体的表示及识别问题,即前期处理,如特征抽取与识别结果相互影响,由初步的表示及识别结果指导早期处理、特征抽取及图像分割等。

最后用迭代方法动态地改善识别结果。

9.2.7　小结

本节对现有的深度图像获取方法进行了归纳总结,并对应用最广泛的 3 种深度图像的获取方法,即激光雷达成像、结构光成像、立体视觉技术,进行具体的分析和评述。这些成像方法在工业检测、自动导航、自动装配等领域得到广泛应用。随着科学技术的发展,这些传感器的精度越来越高,应用范围也越来越广。目前,它们在三维建模、影视动画、模拟现实等方面也得到了普及。

9.3　平行双目系统中深度图像的获取

平行双目系统是计算机视觉的立体视觉技术中最简单且容易实现的一种系统,在不需要针对大型场景三维重建的视频通信中,特别是多视图通信中使用最多。相对于结构光等深度获取系统而言,其精度较低,但是使用方便,有其优势的一面。其使用还包括机器人的自主导航系统、工业自动化系统等。

下面我们主要介绍双目视觉系统中对应点的匹配策略、基本几何关系,以及利用深度运算得到深度图像的方法。

9.3.1　双目立体系统的发展

双目立体视觉理论是建立在对人类视觉系统研究基础上的。它通过对双目立体图像的处理获取场景的三维信息。其结果表现为深度图。再经过进一步处理得到三维空间中的景物,实现一维图像到二维空间的重构。Marr 在 1982 年最早提出并实现了一种基于人类视觉系统的计算机视觉模型及算法。双目立体视觉系统中获取深度信息的方法较为直接,它是被动方式的,因而较主动方式适用面宽,这是它的突出特点。

双目立体视觉系统中,深度信息的获取分如下两步进行。

· 在双目立体图像间建立点点对应,首先求得对应点的视察图像。

· 根据对应点的视差计算出深度。

第一部分,也就是对应点问题,是双目立体视觉的关键,主要是找到一种适合的匹配方法。第二部分是摄像机模型。双目视觉模型,双摄像机彼此参数一致,光轴平行且垂直于基线;构成一共极(epipoloar)结构,这样做是为了缩小对应的搜索空间,只有水平方向的视差,简化了对应过程。

9.3.2　立体匹配

在由平行摄像机系统得到物体的视图图像并由此得到深度图像的过程中最为关键的一步就是找出两幅图像间的对应点,这就是立体匹配的问题。下面就这个问题展开研究。

立体匹配问题一般可以描述为由不同位置的两台或者一台摄像机经过移动或者旋转拍摄同一幅场景。获取立体图像对后,找到图像对中彼此对应的部分。以便恢复场景的三维信息。显然,图像对可能由于摄取的时间、方位或方式的不同而有差别。

计算机视觉系统的目标是从二维图像对中创建出真实的三维模型。也就是说,视觉过程是成像过程的逆过程。在成像过程中有如下 3 个变化。

(1)三维的场景被投影为二维的图像,深度和不可见部分的信息被丢失了,因而也产生了同一物体在不同视角下的图像会有很大的区别,以及后面的物体被前面的物体遮挡而丢失信息等问题。

(2)场景中的诸多因素,包括照明或光源的情况,场景中物体的几何形状、活物体性质、摄像机的特性,以及光源与物体和摄像机之间的空间关系等都被综合成单一的图像中的像素的灰度值。

(3)成像过程中带入的畸变和噪声。

因此,立体视觉中的立体匹配是最困难的一步。

1.匹配基元

匹配基元是指匹配算法的最小匹配对象。在建立立体视觉系统时,必须根据环境的特点和应用的领域选择适当的匹配基元。目前,所用的匹配基元可以分为在图像上抽取的测量特征和图像特征两大类。主要包括以下几种。

(1)像素灰度。像素灰度可由成像系统直接得到,因此最简单。目前,像素灰度被用于大多数商用的视觉系统中。

(2)局部区域的灰度分布函数。零交叉基元即过零点(zero-crossings)。Marr 和 Poggio 认为匹配发生在边界上,这在光度积分法过程中,是不连续的点或者边。这些边界可以定义为亮度分布函数二阶导数为零的位置,又称为零交叉点。Marr 的零交叉点的提取方法有两个优点,即有着强烈的生物学上的支持,且所求得的零交叉中包含了十分丰富的原始图像中的信息。

(3)兴趣算子抽取的特征点,如角点(corner)。角点是图像的一种重要局部特征,它可以是图像边界上曲率足够高的点;图像边界上曲率变化明显的点;图像边界方向变化不连续的点、图像中梯度值和梯度变化率都很高的点等。角点的提取方法也不尽相同,主要可分为基于方向导数的方法和直接基于图像亮度的对比关系和基于数学形态学的方法。

(4)边缘与线段(edge and line fragments)。该基元试图抽取景物中表面之间或不同颜色区域之间的实际边界。周东翔等人在 2001 年尝试使用此方法。边界所分区域的内部特征或属性是一致或相近的。而在相邻的不同区域之间,它们的特征或属性是不同的。图像中区域特征的差异发生在边界处。图像区域边界往往对应景物目标的边缘。人类的视觉系统也多是根据目标的边缘进行识别的。边界提取的方法通常可以归纳为微分方法、拟合方法、统计方法、混合方法以及小波变换方法等。边界可以是直线,也可以是曲线。曲线又称为轮廓(contour)。此类匹配基元上还可以带有如边缘方向、对比度、长度和边缘曲率等附加几何属性信息。

2. 匹配约束

一般情况下,在立体约束中包括如下四种匹配方式。

(1)相容性约束。

相容性约束又称拓扑不变假设,如果两个匹配基元确实是由同一物理标记产生的,那么它们就可以匹配起来。如果不是这样它们就不能匹配,在判断两个匹配基元是否相容时,要根据它们之间的相似性,问题是如何度量匹配基元的相似性。有两种相似性的假设。一种是基于光度学不变性的性质,即左右图像对应区域中灰度的变化情况相似,如果景物中表面的深度变化比较平缓,并且两摄像机相隔的距离不远,那么这样的假设是有道理的。例如,用立体视觉原理通过航空摄影测量地形时,地形的起伏与飞机的高度相比变化较小,因此可采用这样的假设。但在机器人视觉应用中,景物的深度分布经常有急剧变化。此时光度学不变性的假设就难以保持。另一种相似性的假设是根据几何学的不变性,即两幅图像中描述对象的几何结构相同。例如,在以边缘作为匹配基元时,沿外极线上任何扫描方向在左右图像中边缘出现的次序相同,但当遮挡出现时,在左图中的边缘可能不出现在右图中或反之。

(2)连续性约束。

连续性约束又称平滑性约束。该约束条件的含义是,匹配得到的视差值的变化在图像中几乎处处平滑。这个约束条件是以下述假设为前提的。和表面到观察者的总距离相比较,物体表面凹凸引起的变化或由观察者到表面的距离变化造成的差异都很小,因此物体表面可看成是平滑的。也就是说,除物体的边界外,从观察者到可见表面的距离的变化是连续的,而物体的边界只占图像面积的很小一部分。

(3)唯一性约束。

由于在任何时刻位于某一物质表面上的一个给定点在空间中只占有一个唯一的位置,所以除极个别的情况外,某个匹配基元只能与另一幅图像中的一个匹配基元匹配,这样图像中的每个匹配基元最多只能有一个视差值。

(4)顺序约束或单调性约束。

对于沿外极线的点,其对应点也将顺序地出现在其图像对的外极线上,第二章平行嵌日系缝申深度获取。

3. 匹配方法

匹配过程是在两幅图像匹配基元上建立对应关系的过程。它是双目立体视觉系统的关键。实际上,任何计算机立体视觉系统中都包含一个作为核心的匹配算法。因而对于匹配算法的研究是极为重要的。现有匹配方法一般有两种主要考虑途径:灰度分布的相关性和特征分布的相似性。其中,灰度分布的相关性主要考虑灰度分布区间的大小,即是单个像素的灰度还是一个区域内的灰度。因而其又包括3种主要方法:基于区域匹配的方法、基于像素的方法和基于特征的匹配方法。

下面主要介绍这3种方法。

(1)基于区域的匹配方法。

基于区域的立体匹配方法是一种广泛使用的算法。方法的基本思想如下。假设图像中一个区域又称窗口内的视差是常数,在此假设条件下,对一幅图像中同一区域,在另一幅图像中寻找与该区域相关系数最大的区域,从而建立区域间的对应匹配关系,并得到各个区域的视域值。区域匹配方法在匹配过程中涉及两幅图像区域间的关联问题,所以称为关联法,即假设图像在一定大小区域内的视差是常数,因此对场景做了很强的表面连续性假设。这种假设适用于表面平滑的场景。关联法的关键在于能够找到尺寸足够大的区域并保持平滑连续,误差必须小到能够避免投影失真影响。若关联区域太小,基元覆盖图像串较小的空间,则容易受到噪声干扰,因此估计效果较差;反之,如果区城太大,基元覆盖了一定的视差变化区域,由于左右图中不同的投影失真代价函数,均方差最小的地方可能并不代表正确的匹配。通常文献中采用具有固定尺寸的矩形区域。由于区域的尺寸是固定的,因此不依赖于视差的变化,算法效率高,运行时间与像素和视差数的乘积成线性正比。

尽管区域(或者窗)的尺寸可以自适应地随着局部光照强度的变化而变化,但是对于定常视差的基本假设会不可避免地导致普遍误差。而且,由于透视畸变的存在,在一副图像的矩形区域通常对应着另一幅图像的非矩形区域。

总而言之,区域匹配方法的优点在于可以得到稠密深度图。但其可靠性比较差,在遮挡区域、无纹理区域以及深度不连续处得不到正确的结果。

(2)基于像素的方法。

基于像素的方法是通过对每个像素进行灰度测量,来实现每个像素的匹配。它是解决对应问题的一个最直接、最简单的方法。而且可以得到稠密的视差映射图。基本思想就是在平滑约束的假设条件下,根据单位像素灰度的相似性,列出代价函数或者目标函数,然后求解优化问题。对于优化问题的求解,通常采用全局优化技术,如动态规划等。最小化不同复杂度的灰度能量函数或目标函数。

该方法非常适合匹配问题中的遮挡检测。其中有人提出在连续性约束即平滑约束下,基于最小化左右图像的灰度差异列出公式来实现像素间的立体匹配。基于像素的方法和基于区域的匹配方法的共同点在于都使用了灰度相关的概念。

自从 20 世纪 40 年代,相关技术被利用与立体测量以来,相关匹配一直在立体视觉的研究和应用中起着非常重要的作用。它是图像相关理论的拓展,并没有很多视觉生理上的解释。由于相关法是直接对图像像素进行匹配,匹配结果不受特征检测精度和密度的影响,因而可得到很高的定位精度和密集的视差表面。但这种对图像灰度统计特性的过分依赖,导致匹配对景物表面结构、光照反射和成像几何十分敏感,而且区域相关的假设意味着相关窗口内的像素都具有相同的视差,这对包含有深度不连续的区域来讲是不成立的。因此空间景物表面缺乏足够的纹理细节以致成像失真较大,如视点间距离过大(的场合),相关匹配法难以应用。

(3)基于特征的匹配方法。

基于特征的匹配方法是有选择地匹配能代表景物自身特性的特征,通过解析景物之间的结构性问题来表征它们之间的联系。根据特征类型的不同,基于特征的匹配方法又分为基于点特征的匹配方法和基于线特征的匹配方法。

　　线特征相比于点特征,更为复杂。特征复杂,一方面可使其个数减少,另一方面也增加其属性,从而更有助于解决匹配问题。当然,也相应地增加了提取特性及其属性的工作。另外,如果复杂的特征不稳定,那么带来的问题也相当严重。因此需要折中。

　　点特征包括零交叉基元和角点等。Marr 和 Poggio 于 1979 年提出了一种基于过零点的人类立体视觉的模型。Crimson 将其算法在计算机上实现并进行测试和改进。这是立体视觉中很有影响和代表性的一种方法。简称 Marr-Poggio-Crimson 算法。该方法以过零点为基元,采用由粗到精的控制策略。精度较低层次的选择来限定精度较高层次匹配,来限定精度较高的匹配空间。最后利用对极技术和多通道技术,实现自然景物的双目立体视觉匹配的搜索空间。

　　Lidodedal(1987)等人提出的算法,综合利用了动态规划和概率性的松弛标记技术。算法以边缘点为匹配基元,首先采用动态规划技术搜索相关扫描线上的最佳匹配路径集合。然后以扫描线间的边缘视差连续为约束,利用松弛算法从已得到的匹配路径集合中寻找正确匹配。这种方法可保证匹配在扫接线全局的一致性。

　　两幅图像中的直线基元匹配比点基元匹配更稳定。在计算相似性的时候,可以计算直线的长度、取向和直线两边的灰度变化等属性。与点基元的匹配相类似,这些特征在两幅图像中也不是不变的。只是一般来讲对应线段的特征更应接近。以直线段为匹配基元的方法可分为两种类型,单个直线段和匹配一个直线段群。前者主要依赖于线段的几何属性,如对方向、长度和重叠的范围等进行匹配。

　　前者通常被称为图匹配,相比于单个线段的匹配,后者拥有更多的模糊匹配的几何信息,但同时也增加了计算的复杂性。由线段群所组成的图关系,如左、右、环和关联等。虽然可以用来处理摄像机的一些运动,但它们对分割过程的误差十分敏感。轮廓上的匹配点,也作为轮廓间匹配的测量量度。得到的轮廓匹配集合用于更新初级对极约束,以便得到更精确的对极约束关系。

　　特征匹配的优点在于,匹配基元包含了令人满意的统计特性以及算法编程上的灵活性。算法的很多约束可以轻易地被应用于算法设计里,数据结构也受益于规则,而且硬件的实践也相对简单成熟。其中,基于线段的特征匹配算法将场景模型描绘成互相联结的边缘线段,而非区域匹配中的平面模型,能很好地处理一些几何畸变问题。此外。特征匹配不直接依赖于灰度,具有较强的抗干扰性,而且计算量小,速度快。由于边缘特征往往出现在视差不连续的区域,特征匹配较易处理立体视觉匹配中的视差不连续问题。同样地,特征匹配算法也存在着一些不足。

首先,特征在图像中的稀疏性决定特征匹配只能到稀疏的视差场。要获得密集的视差场必须辅助以复杂的插值过程。其次,特征的提取和定位过程,将直接影响特征匹配的精确度。立体视觉的最终目的是为了恢复景物可视表面的完整信息,而特征匹配方法就能得到离散特征点的视差,需要进行较多的内插处理。对于一个完整的立体视觉系统来讲,不能断然地将匹配与内插重建过程分为两个不相关的独立模块,它们之间应该存在着很多的信息反馈,匹配结果约束内插重建,重建结果引导正确匹配。

9.3.3　平行双目视觉的基本几何关系

这类摄像系统在视觉分析中的基本配置我们在 1~7 章中已经做过数学分析,这里不再赘述。这里我们只针对双目视觉的基本配置而论。

假设焦距相同,两个摄像机的内部参数矩阵和外部参数矩阵也是相同的。两个摄像机的图像坐标系的光轴互相平行,X 轴重合,故两个摄像机的 Y 轴平行。因此可以将第一个摄像机沿者 X 轴平移一段距离后与第二个摄像机完全重合。当摄像机按照图中配置时,两个摄像机的距离相差 X 轴上的一个平移。将移平移距离设为 B。在这里一定要明白 3 个坐标系的关系。

(1)世界坐标系。世界坐标系定义在三维世界中的绝对坐标系。用于描绘场景的结构、摄像机的位置、运动等,一般用 (X,Y,Z) 表示。

(2)摄像机坐标系。摄像机坐标系将摄像机光心作为坐标原点,光轴为 Z 的坐标轴,用于描绘平面的位置等,一般用 (x,y,z) 表示。

(3)像平面坐标系。像平面坐标系是定义在图像中的坐标系,用于描述图像中像素的位置。通常与摄像机平面互相平行。光轴与像平面的交点为原点。u 轴与 x 轴平行,v 轴与 y 轴平行,平面用 (u,v) 表示。在多图像系统中,一般取第一个图像对应的摄像机平面为世界坐标系。

这 3 个坐标系可以互相转换,也可以利用旋转坐标系完成旋转等工作,但这不是本章重点,我们关心的是一副场景可以有两幅图像。

利用双目系统可以具有像平面坐标点 (x_1,Y_1) 和 (x_2,Y_2) 的世界坐标系点 P (X,Y,Z)。当摄像机坐标系和世界坐标系重合时,像平面坐标系与世界坐标系实际上是平行的。在以上条件下,P 点的 Z 坐标和摄像机坐标系是同一个值。如果摄像机坐标系统和世界坐标系统不重合,首先要进行坐标的平移和旋转与其重合后再投影。

我们假设摄像机相同且坐标系统的各个对称坐标轴是精确平行的,尤其要做到光轴平行,只是原点位置不同。可借助相似三角形的关系得到点 $P(X, Y, Z)$ 与其在像平预投影 P 点的坐标可表示如下。

$$x_1 = \frac{x_1}{f}(f - Z_1) \qquad (9-2)$$

$$x_2 = \frac{x_2}{f}(f - Z_2) \qquad (9-3)$$

式(9-2)中 x_1, Z_1 表示第一摄像机移动到了世界坐标系原点。式(9-3)中 x_2, Z_2 表示第二摄像机移动到了世界坐标系原点。基线长度是 B,且 P 点的 Z 坐标对两个摄像机坐标系是一样的,所以有如下关系。

$$x_2 = x_1 + B$$
$$Z_2 = Z_1 = Z$$

可以得到以下两个等式。

$$x_1 = \frac{x_1}{f}(f - z) \qquad (9-4)$$

$$X + B = \frac{x_2}{f}(f - z) \qquad (9-5)$$

基于区域和特征点联合匹配算法就是两幅图像匹配基元之间建立对应关系的过程,它是双目立体视觉系统的关键。假设给定两幅同一环境的图像,这两幅图像可能由于摄像方位不同而有差别,这样可以提取视差完成匹配过程。

根据以上公式中标定的数据,采用手动选取匹配区域的搜索算法。根据第一幅图像中灰度区域的位置,在第二幅图像中对应区域或者最大相似性区域进行匹配,其算法如下。

采用一种利用边缘点的方法,对图像 $f(X, Y)$ 先计算特征点图像 $t(x, y)$。

$$t(x, y) = \min(H, V, L, R) \qquad (9-6)$$

其中

$$H = [f(x, y) - f(x - 1, y)]^2 + [f(x, y) - f(x - 1, y)]^2$$
$$V = [f(x, y) - f(x, y - 1)]^2 + [f(x, y) - f(x, y + 1)]^2$$

$$L = [f(x,y) - f(x-1,y+1)]^2 + [f(x,y) - f(x-1,y-1)]^2$$

$$R = [f(x,y) - f(x-1,y+1)]^2 + [f(x,y) - f(x-1,y-1)]^2$$

然后将 $t(x,y)$ 划分为重合的小区域 w，在每一个小区域中，把最大的取值点作为特征点。然后对所获得的特征点进行匹配。对像的每个特征点，把其左右图像中所有可能的匹配点组成一个集合。由上面的区域匹配算法，可以大概确定特征点的位置，但是可能出现的情况是在左图像中的一个点根据算法会在右图像中有两个或者多个点相似。为了更好地提高匹配的准确性，通过计算每个区域中像素平均值与该区域面积相除所得的比值办法，进一步确定相似集合，然后求两个集合的交集，交集中的点即为匹配点。

在双目立体图像像素点点对映，主要通过立体匹配得到，根据对映点的视差计算场景深度。

第一部分，也就是对应点的问题，是双目立体视觉的关键。第二部分是摄像机模型问题。在双目视觉系统模型中，两个摄像机的参数是一致的，光轴平行且垂直于基线，构成一个共极性结构，这种做法可以缩小对应的搜索空间，只计算水平方向上的视差，简化了对映过程。第二部分，设空间一点 $P(X,Y,Z)$，在两个平行放置的完全相同的摄像机中像点分别是 (x_1,y_1) 和 (x_2,y_2)，这样在已知基线长 B 和焦距 f 的情况下，可以计算出深度信息。这是双目立体视觉的基本原理，即根据视差在插值图像上来恢复立体信息。

9.3.4　由平行双目立体视觉系统得到深度图像的相关问题

与一般的立体视觉系统不同，平行双目系统由于其特殊性，在使用立体匹配的时候最主要的是使用对极约束。

在假设的理想的摄像机配置情况下，左边图像中的某一点在右边图像中的对应点在其对极线上，因此匹配只需要在对极线上进行。如果上文介绍的双目平行系统配置理想，则对极线就会与 X 轴平行，对应点应该位于同一水平线上。

1. 选择匹配基元

匹配基元是指用以进行匹配的图像特征。由于立体成像的视点差异以及噪声干扰等因素的影响，要对图像中所有的像素都进行无歧义的匹配是很困难的。为此，应该选择能表征景物属性的特征作为匹配基元。在平行双目系统中，可以首先使用对极约束寻找匹配点，但是对极约束也存在很多问题，因为它要求尽可能地使实验装置处在理想的配置之下。对于对极约束匹配不了的点,例如被物体遮挡的部分,或者是图像的边缘点和角点,利用对极约束可能效果不好,所以要综合利用各种匹配方法寻找匹配点,但是对于平行双目立体系统来说,对极约束是首要考虑的问题。

2. 算法结构

实现匹配的算法结构是和匹配基元的选择以及匹配准则紧密相关的,一般应该兼顾有效性和计算量。立体匹配实质上是在匹配准则下的最佳搜索问题,许多数学中的最优化技术都可应用于立体匹配,如动态规划方法、松弛法以及遗传算法等。以上的约束条件为立体图像匹配算法的设计奠定了良好的基础。

(1)一个可行的匹配算法必须包含一组匹配基元及其属性,匹配基元应符合人类视觉生理机制或反映目标的物理特性,对应点的匹配基元的属性必须相同或相似(第二约束)。

(2)算法的搜索或寻优范围可以限制在外极线上(第一约束)。

(3)匹配结果是一一对应和可逆的(第三约束)。

3. 平行双目系统的匹配规则

立体视觉处理中对搜索对应点时的多义性问题可以分为两步来解决。第一步,深度图像的获取及处理在单幅图像做预处理的时候通过抽取图像局部结构较为丰富的描述来减少错误对应的可能性,比如可以抽出图像中的边缘点和图像的角点来做立体匹配;第二步,是在两幅图像的对应点间做匹配应用选择性规则来限制搜索空间。

立体匹配是选择同一空间景点在不同视点下投影图像的像素间的一一对应关系,因此立体匹配实质上是在某一配准准则下的最佳搜索。由于同一景物在不同视点下的图像会有很大的不同,而且场景中的许多因素,像光照条件、景物几何形状和物理特性、噪声干扰和畸变以及摄像机特性等,都被综合成单一的图像中的灰度值。为解决这一问题,通常引入诸如平滑行约束等各种约束,将匹配限制在平滑解空间范围内,我们将采用下列约束条件。

(1)灰度约束条件。

左右图像的对应点的灰度值相同,假设点 P_L 和 P_R 是左右图像的对应匹配点,点 P_L 的位置在 (x,y) 灰度值为 $I_L(x,y)$,P_R 的位置是 $[x+D(x,y),y]$,灰度值为 $I_R(x,y)$,则由灰度约束条件如下。

$$I_L(x,y) \cong I_R\big[x + D(x,y),y\big] \qquad (9-7)$$

注:$D(x,y)$表示的是视差,位差是致成像场景中一个三维点在左右图像中的二维坐标之间的位移。

(2)光滑性约束。

对于光滑的物体,其表面深度变化是联系的,故表面上各点的视差梯度也应该是联系的。根据这些约束,可以写出立体匹配的准则函数,于是求最佳视差图就应于与球准则函数最小问题的非线性优化问题,这种情况下一般会得到局部最优的问题。

4. 区域相关匹配算法

区域相关匹配算法的实质是利用局部窗口之间的灰度信息的相关程度,它在变化平缓,细节丰富的地方可以有很高的匹配精度,这种算法的关键是选择匹配窗的大小,通常是逐步选择窗的大小来改善视差不连续处的匹配。在平行双目视觉系统中相对应的匹配点在同一横坐标轴上,所以搜索范围大大减少,并且经过处理后的图像变化平缓且细节丰富,所以一般在双目立体视觉系统中采用的是区域匹配准则。这在下节的深度图像在 VSP 中的运用中,在得到深度图像是使用的基于块的多基线立体匹配就是利用这个原理。

利用图像上局部区域的相关性来确定两个对应点的匹配,其优点是,直接对图下的像素进行匹配,匹配结果不受特征检测精度和密度的影响,可以得到较高的定位精度。

当空间景物的表达缺乏足够的纹理细节,以及成像失真较大时,相关匹配法就难以应用。相似准则变成了两幅图像中窗口间的相关性度量。当相似性函数取最大值的时候,就可以认为元素是匹配的。

输入两幅立体图像对 C_L 和 C_R,设 P_L 和 P_R 分别为这两幅图像中的像素点,为相关窗口的宽度,$R(P_L)$ 是 C_L 中群相关的搜索区域,则中 $\Phi(u,v)$ 是两个像素的相关函数。对于 C_L 中的每一个像素有以下两点。

(1)对于每个区域,计算如下。

$$c(d) = \sum_{k=-w}^{w}\sum_{l=-w}^{w} \Phi\big(C_L(i+k,j+1),C_R(i+k-d_1,j+1-d_2)\big) \qquad (9-8)$$

(2)P_L 的视差就是 $R(P_L)$ 中使用 $c(d)$ 为最大值的矢量 d。

$$\bar{d} = \underset{d \in R}{\mathrm{argmax}}\{c(d)\} \qquad (9-9)$$

输出的是对应 C_L 中每一个像素点的视差的宿主,也就是视差图像。再根据深度图像和视差图像在上文中的转换关系,就可以得到深度图像。

基于区域相关的匹配中存在两个问题。

(1)适当地选择 W 和 R。

(2)恰当地寻找相关准则。

窗口宽度($2W+1$)的选择取决于处理图像中提出最重要空间属性的能力。在平行摄像机的配置中,只在图像的同一行中选取,这就加快了搜索速度。一般情况下,利用米字形窗口可以减少运算量。

9.3.5 性能改进

在立体匹配时可以使用"Canny + Sobel"算子的梯度立体匹配算法,其基本思想是,用 Canny 算子和 Sobel 算子相结合的方式来达到对图像的精确匹配。在对图像进行 Canny 算子后,虽然图像的轮廓清晰,但用区域进行匹配的时候精确性较差,此时可以使用 Sobel 算子处理,这样进行匹配时就可以增加区域匹配的准确性。

9.3.6 小结

在立体视觉系统得到的深度图像系统中,平行双目系统具有简单、实用的特点,如当摄像机非平行时,尽管可以把搜索限制在相应的实际摄像配置的外极线上,但一个更简单的方法是把左右图像映射成平行的配置,然后应用平行配置的步骤。在每一种情况下,我们必须先估计摄像机的几何参数或者基本矩阵。本文不涉及摄像机的自定标和求取摄像机参数问题,所使用的摄像机内外参数以及旋转矩阵和平移矩阵都是事先确定的。

9.4 VSP 中深度图像的处理

本文算法是基于 M. Okutomi 提出的多基线立体匹配系统,这种算法可在估计深度信息时使用 RD 信息来动态搜索。根据文献,我们采用这样每幅图像中的合成图片就可以由深度图像得到,这也就要求多视图编码中得到可以合成精确合成图像的深度图。

多基线立体匹配系统的基本方法与双目立体系统相同。这个系统使用不同基线上的多个立体点对来得到精确的深度信息。这不同于一般的立体匹配算法。一般的立体算法只是计算均方误差和绝对误差（SSD/SAD）的和。为了在视图合成预测中使用全局深度图像且使其有像素精度，就必须由深度图像得到相关像素的信息。

9.4.1　亚像素精度的视图合成预测

当使用深度图像来做视图合成预测的时候，它们并不能提供亚像素精度，这是因为一般由深度图像得到相关像素计算，是由如下过程得到的。

（1）将深度图的像素坐标(x_d, y_d)按照下面的方法投影到世界坐标系$[u, v, w]$中。

$$[u, v, w] = R(c_{\text{depth}}) \cdot A^{-1}(c_{\text{depth}}) \cdot [x_d, y_d, 1] \cdot D[x_d, y_d] + T(c_{\text{depth}})$$

$$(9-10)$$

将世界坐标投影到要合成的目标视图c_i的局部坐标系$[x_i, y_i, z_i]$中。

$$[x_i, y_i, z_i] = A(c_i) \cdot R^{-1}(c_i) \cdot \{[u, v, w] - T(c_i)\} \qquad (9-11)$$

（2）将同质坐标点$[x_i/Z_i, y_i/Z_i, 1]$转化为目标图像的像素坐标就可以得到合成的目标图像的相关像素位置。

（3）通过下面的关系将世界坐标系映射到参考图像c_r的局部坐标系$[x'', y'', z'']$中。

$$[x_i, y_i, z_i] = \begin{cases} A(c_i) \cdot R^{-1}(c_i) \cdot \{[u, v, w] - T(c_i)\} \text{ if}(c_r \neq c_{\text{depth}}) \\ [x_d, y_d, 1] \end{cases}$$

$$(9-12)$$

（4）将参考坐标$[x_i/z_i, y_i/z_i, 1]$转换到像素坐标来得到参考图像的相应像素坐标。

为了得到由位差图到全局深度转换过程中小数部分的精度，可以在不改变标准时稍微移动一下位差矢量。这种方法步骤如下。

（5）将目标图像相关像素坐标$(x_i/z_i, y_i/z_i)$取整到最精确的整数精度坐标(X_i, Y_i)。

（6）由下面的关系式(X_r, Y_r)计算得到参考图像的像素坐标。

$$\begin{cases} x_r = x_r/z_r + x_i - x_i/z_i \\ Y_r = y_r/z_r + Y_i - y_i/z_i \end{cases}$$

$$(9-13)$$

新的相互关系在合成的目标图像中用(X_i, Y_i)定义,参考图像中用(X_r, Y_r)定义。上面的方法是在假设位置的差异很小时位差也很小的情况下,如此一来,即可在小数精度视图合成预测上精确实现全局深度图。

9.4.2　规则化多基线系统

一般情况下,很难在视图间没有色度矛盾的情况下得到多视图视频系列。每幅图的这个矛盾是不一样的。所以,在很难无区别地看待所有视图的情况下,利用 SSD 来得到深度信息。为了消除由于颜色矛盾引起的误差,我们可以通过计算绝对误差和来实现每个图像的匹配。这是因为亮度不一致是可以用偏置信号来有效表示的。其估计函数 $F_{BLK}(\ \ )$ 可以由下面的式子来表示。

$$\begin{cases} F_{BLK}(z) = \sum_{i \in \text{view}} \sum_{p \in \text{BLK}} \big| \, \|_i (P_i(p,z) - I_r(P_r(p,z))) \, \| - MAD_i(p,z) \big| \\ MAD_i(p,z) = \dfrac{1}{\text{NumPix}} \sum_{p \in \text{BLK}} \big| I_i(P_i(p,z) - I_r(P_r(p,z))) \big| \end{cases}$$

$$(9-14)$$

z 是深度,BLK 和 NumPix 分别代表用于深度估计的一系列像素和在 BLK 元素中的元素的数目。$I_i(x)$ 表示在图像 i 中坐标 x 的值。$P_i(p,z)$ 和 $P_r(p,z)$ 表示图像 i 和参考图像 r 的像素坐标,$p = (x_d, y_d)$,$D[x_d, y_d] = z$。

减少视图合成预测中错误的总数量,能完成多视图视频信号有效压缩,这一点是很重要的。但最重要的是平衡全局深度图中的精度和需要的 bit 数。使用率失真是实现这个目的的有效工具,为了使用这个概念,假设使用 DPC. 来编码深度索引(indices),也就是仅仅编码当前块的深度索引和相邻的上侧或者左侧的块。

最简单的实现实现 RD 的方法实现深度估计的方法是逐块减少 RD 代价。

$$\text{RDcost}_{BLK}(z) = F_{BLK}(z) + \lambda \cdot \min(\text{Bits}[z - \text{leftZ}], \text{Bits}[z - \text{aboveZ}])$$

$$(9-15)$$

式中,$\text{RDcost}_{BLK}(z)$ 表示的是在深度为 z 时 BLK 的 RD 代价,表示的是拉格朗日乘法因子,$\text{Bits}[k]$ 表示编码为 K 值时估计需要的 bit 数目。

leftZ 和 aboveZ 便是左边块和上面块的深度索引。这种方法比较容易实现且不消耗内存资源,但往往都是局部优化的。考虑到在优化能力和计算难度间的平衡,这个算法也是在每个扫描线内使用动态规划(dynamic programming)。

这也可以解释为在二维搜索平面上找到最短的路径,这个二维搜索平面的轴是深度索引和水平坐标。为了在扫描线上减少总的 RD 代价,可以定义节点处的消耗为 $F_{\mathrm{BLK}}(z)$,边缘处的消耗为 $\lambda \cdot \min(\mathrm{Bits}[z-\mathrm{left}Z], \mathrm{Bits}[z-\mathrm{above}Z])$。这个算法可以保证找到最优化的深度信息。接下来就可以逐基线进行最小路径搜索,这样就可以得到整个深度图。

9.4.3 深度图像的平滑

按照以上方法得到的深度图像是有缺陷的,具体实验结果在下一节实验分析中可以看到。但是可以得到的结论是所产生的深度图像出现了一些毛刺和多余的值,特别是很难得到物体边缘的深度信息,也不适合其在视图合成预测的压缩编码中进行运用,所以必须对得到的深度图做平滑处理。

1. 分析介绍

计算图像 I_n 的深度信息可以使用下面的公式。

$$\forall x \in \Lambda_n \mathrm{d}(x) = \underset{\mathrm{d}(x) \in \Delta}{\mathrm{argmin}} \mid I_n(x) - I_{n+1}(f(\mathrm{d}(x))) \mid \qquad (9-16)$$

$\mathrm{d}(x)$ 是点 x 的深度,是一系列可能的深度值,是 I_n 的抽样网格,I_{n+1} 是其他视点得到的图像。$f(x)$ 是使用摄像机定标技术从一个空间位置映射到另外一个空间位置的函数,定义如下。

$$f(\mathrm{d}(x)) = A_{n+1} R_{n+1}^{-1} (R_{n+1}^{-1} A_{n+1} [X^{\mathrm{T}} 1]) \mathrm{d}(x) + (t_n - t_{n+1}) \qquad (9-17)$$

在这里,A, R, t 分别是摄像机的内部参数矩阵、旋转矩阵和平移矩阵。这种算法将图像分成 $N \times N$ 块,并使用 9-(10) 来减少预估错误。由于深度图缺少时间和空间的相关性,以往不能完成三维重建任务,而平滑多少可以弥补这个缺憾。

2. 分级估计

一般情况下是使用 4×4 的块,携带 16 个块的信息,这种块不能得到局部纹理特征,因为不能实现好的匹配(大块尽管能做到,但任务更需要细节)。所以采用分级处理。

(1)使用 16×16 的宏块。

(2)以上面的结果作为初始值,使用 8×8 的宏块。

(3)再以上一步的结果作为初始值,使用 4×4 的块得到新的深度图,这种思想使用较大的块得到粗糙结果,再使用较小的块得到精确的估计。

3. 归一化

归一化法是很多求逆算法的常用工具。在深度估计中,相邻点的深度值在刚性体上是差不多的。在式(9-16)中加入规则化项后新的代价函数如下。

$$\forall x \in \Lambda_n \, d(x) = \underset{d(x) \in \Delta}{\mathrm{argmin}} \left| I_n(x) - I_{n+1}(f(d(x))) + \lambda \cdot \sum_{x' \in \Pi} | \, d(x) - d(x') \, | \right|$$

$$(9-18)$$

新加入项是对相邻点不一样的因子。这里一般相邻点是 8 个,但很容易修改。规则化的影响由平滑参数 $\lambda > 0$ 来控制。当 λ 在深度图中的值增大时,影响增大,但当其值增加到很大时会失去影响。

4. 中值滤波

当求出深度图时,可使用中值滤波器来减少数据外溢。在这类算法中,中值滤波是作为预处理使用的。一旦计算出了深度图像,就要对之使用中值滤波减少数据的外溢,中值滤波所用的窗定为 3×3。

5. 深度图比较

光亮的像素点表示远离摄像机,而阴暗点表示离摄像机比较近。由得到的结果可以看出,得到的深度图像更加平滑,这种深度图更容易被压缩;也可以看出,这种深度图更接近于真实的深度图。

没有经过监视拥塞(occlusion)效果的函数。多基线立体匹配在提高精度消除模糊(ambiguity)上有很强的鲁棒性。但在拥有相同拥塞区域的匹配就很难消除拥塞影响了。这种情况是由于拥塞造成的。解决这个问题的方法将在下一节中介绍。

9.5 深度图像获取及平滑实验结果分析

明亮的像素点表示场景中的点,相对于较暗的点来说远离摄像机。在图像中除应该表示的场景的像素点以外,还出现了很多不应该出现的点,这是由于噪声的存在造成的,可以通过作甲滑处理得到效果较好的图像,这个问题用下面讨论。

1. 深度图像平滑及其分析

由观察可得,改进后的深度图像有明显的角点和边缘线,所得的深度值也与真实的深度图相近。

2. 使用深度图像编码性能的提高

为了检测新的深度图像的性能,分别在视图合成预测中使用未作平滑处理的深度图像和作了平滑处理的深度图像来观察其预测性能。

9.6　电磁传感器的应用现状

智能图像传感器由图像传感器和视觉软件组成,能够捕捉和分析视觉信息,代替人眼做各种测量和判断。其应用组件——摄像头目前已广泛应用于各类消费类电子产品,如手机、计算机、可穿戴设备等。未来,随着 ADAS 系统的广泛普及和无人车的推出,车感摄像头领域将会迎来一轮爆发。相比摄像头,激光雷达的 3D 成像更加精准,是无人车视觉系统的首选,将会成为资本市场追捧的热点。智能图像传感器应用广泛,车感摄像头和激光雷达蓄势待发。

一般认为,车用、无人机、AR/VR 用智能图像传感器将会成为未来 5 年的新增需求增长点,保守估计,车用激光雷达可由 2016 年的 6 亿美元增长至 2025 年的 80 亿美元,年均复合增速为 33%。由于激光雷达成本过高,目前各种成像技术多以摄像头运用为主,但未来随激光雷达成本的降低,其在各个领域对摄像头的替代作用也将凸显。

而 MEMS 传感器是智能传感器的未来,应重点关注固态激光雷达。具有微米量级特征的 MEMS 传感器正逐步取代传统机械传感器的主导地位。摄像头技术应用比较成熟,3D 成像、虹膜识别、手势识别是技术发展的主要趋势。激光雷达成本高昂,尚未实现商业量产,未来,为降低成本而取消其机械旋转结构的集成方式将会成为技术的突破口,应当重点关注能够实现固态激光雷达扫描的 MEMS 微振镜技术和光相控阵列技术。

由“溢价收购 + 高额融资”可以看出资本市场热衷于激光雷达和无人驾驶。Mobile eye2014 年在美国上市,IPO 当日募资亿美元,后被英特尔收购,以色列 Luminar 种子轮融资达 3 600 万美元,以色列 Oryx A 轮融资达 1 700 万美元,美国 Quanergy B 轮融资为 9 亿美元,无人驾驶和激光雷达备受资本市场的追捧。

硅基材料仍然是市场主流的智能图像传感器材料,但 Luminar 激光雷达所用的 InGaAs 材料具有更高的敏感性,或未来实现大规模应用,或对硅基材料有一定的替代性。

人工智能领域,专业化、集成化将成为未来传感器模组的发展趋势,实现专业化的核心在于算法与功能的匹配,不同类型的传感器的集成,可使其功能互补,扬长避短。目前先进的算法被国外垄断,集成模式将会成为未来 3~5 年内中国智能图像传感器市场发展的主要趋势。

手机、PC 行业的发展已相当成熟,AR、VR 是市场热点。随各国对汽车 ADAS 系统的重视与推广,车用智能图像传感器将会是行业的新增长点。另外,无人机、车联网、智慧城市,也将是行业未来的风口。

最后,从算法来看,嵌入式技术有更强的针对性,在解决本地问题时具备优越性。人工智能领域的深度学习将成为业内主流算法,而大数据结合端对端的高速传输将会推进深度学习算法的实际应用。

车用、无人机、AR/VR 用智能图像传感器将会成为未来数年乃至数十年的新增需求点,预计 2025 年车用激光雷达市场规模可达 80 亿美元,2016—2025 年年均复合增速为 33%,且随激光雷达成本的不断降低,其对摄像头的替代作用也将凸显。

9.6.1 智能图像传感器简介

国家标准将传感器定义为:能感受规定的被测量并按照一定的规律转换成为可用信号的器件或装置,通常由敏感元件和转换器组成。IEEE 协会从最小化传感器结构的角度,将能提供受控量或待感知量大小且能典型简化其应用于网络环境的集成的传感器称为智能传感器。其本质特征为集感知、信息处理与通信于一体,具有自诊断、自校正、自补偿等功能。

目前,智能传感器广泛应用于消费电子、汽车工业、航空航天、机械、化工及医药等领域。随着物联网、移动互联网等新兴产业的兴起,智能传感器在智能农业、智能工业、智能交通、智能电网、健康医疗、智能穿戴等领域,都有着广阔的应用空间。

智能图像传感器是能够捕捉和分析视觉信息,代替人眼做各种测量和判断的设备,由图像传感器和视觉软件组成,前者用于捕捉图像,后者用于分析“看到”的内容。典型的图像传感器可以分为图像采集、图像处理和运动控制 3 个部分。它综合了光学、机械、电子、计算机软硬件等方面的技术,涉及计算机、图像处理、模式识别、人工智能、信号处理、光机电一体化等多个领域。

根据感光器件的不同,图像传感器可以分为 CCD 和 CMOS 两种。两者都执行相同的步骤:光电转换—电荷累积—输出—转换—放大。

CCD 成像仪主要由两部分构成:滤色器和像素阵列。微透镜将光线漏光到每个像素的光敏部分,当光子通过滤色器阵列时,像素传感器开始捕获通过的光的强度,然后对光信号进行组合,统一输送到外部线路进行 A/D 处理。与 CCD 相比,CMOS 是具有像素传感器阵列的集成电路,其每个像素传感器都有自己的光感传感器、信号放大器和像素选择开关。

智能传感器的实现结构主要有 3 种:非集成化实现、混合形式、集成化实现。按照智能化的程度,分别对应:初级、中级和高级形式。MEMS 传感器是指采用微机械加工和半导体工艺制造而成的新型传感器。与传统的机械传感器相比,MEMS 传感器具有体积小、重量轻、成本低、功耗低、可靠性高、适于批量化生产、易于集成和实现智能化等特点。从集成化的角度来说,MEMS 传感器是智能传感器的未来。

目前,最常见的智能图像传感器组件便是摄像头,已普遍应用于手机和可穿戴设备等消费电子。现在,手机、平板式计算机市场已经趋于饱和,未来无人驾驶、车联网、AR、VR、无人机等新兴智能领域将会成为智能图像传感器的新增需求点。这些领域的主流传感器组件分别是摄像头、毫米波雷达和激光雷达。其中,激光雷达在探测距离、探测精准度、天气适应性和夜视功能方面具有极大的优势,将会成为未来高端成像设备的主流。

激光雷达的成像原理可简单概括为:激光雷达的发射模块发射出一束具有一定功率的激光束或者光脉冲,然后经散射镜将光线散射出去,打到待探测目标面上;反射回来的信号由激光雷达的接收模块接收,经过内部的信号处理,结合强度像和距离像,经显示设备输出待测目标的三维图像。

与相机图像不同,激光雷达可通过测量光线的飞行时间,测量物体距离。除此之外,相机的数据源单一,不可靠,虽具有完全 360° 的覆盖范围,但很容易被迎面而来的光线、黄昏或阴影中看不到东西所遮挡,无法区分远处的重要场景。

9.6.2　智能图像传感器主要应用领域及市场空间

20 世纪 90 年代末期,随着 CMOS 图像传感器工艺和设计技术的进步,市场份额不断扩大,近年来市场占有率已经超过 90%,取代 CCD 成为主流。2016年,CMOS 的市场规模为 103 亿美元,三大巨头——索尼(Sony)、三星(Samsung)和豪威(Omnivision)全球市场份额分别占比 35%、19% 和 8%,合计占比 62%,市场格局相对比较集中。

从下游应用领域分布来看,当前 CMOS 图像传感器主要应用于智能手机和平板式计算机,占比下游应用 70% 左右。随着嵌入式数字成像技术迅速扩展,未来用于智能手机和平板式计算机的 CMOS 的比例将会逐渐降低,汽车系统将成为 CMOS 图像传感器增长最快的应用。到 2020 年,汽车行业传感器市场规模可增长至 22 亿美元,约占市场总额 152 亿美元的 14%。

在汽车行业之外,未来 2015—2020 年间,安全监控领域可保持 36% 的年均复合增速,增长至亿美元;医疗/科学应用领域可保持 34% 的年均复合增速,增长至亿美元;玩具/电子游戏可保持 32% 的年均复合增速,增长至亿美元;工业系统可保持 18% 的年均复合增速,增长至亿美元。

从应用形式来看,CMOS 传感器的主要应用为摄像头模组(CCD),2014 年全球 CCD 市场规模为 201 亿美元,其中封装、AF(自动对焦系统)& OIS(图像稳定系统)供应商规模合计占比市场份额的 72%。根据 Yole Développement 预计,2020 年 CCD 全球市场规模可增长至 510 亿美元,6 年间的年均复合增速为%,其中封装领域市场规模达 225 亿美元,年均复合增速为 20%;AF & OIS 市场规模达 155 亿美元,年均复合增速为 13%。

目前,手机、计算机用摄像头是摄像头模组下游应用的最广泛领域之一,未来随着无人驾驶技术的逐步推进,融合了图像传感器的车载摄像头以及激光雷达,作为 ADAS 的解决方案将会面临新一轮的增长。除车感摄像头之外,无人机和机器人领域,以及增强现实(AR)和虚拟现实(VR)领域都将是智能图像传感器的新的市场增长点。

1. 汽车领域的发展状况

相比手机摄像头,汽车摄像头的进入壁垒更高,单价也是手机摄像头的 8 倍左右,车载摄像头价格在 32 美元(约合人民币 197 元)左右,夜视用车感摄像头更是高达上千美元。2016 年 ADAS 的市场规模为 105 亿美元。

随着 ADAS 市场的爆发,车用摄像头迎来了增长的风口,作为 ADAS 全景系统的重要组成部分,市场上主流的 ADAS 解决方案中,一辆车至少安装 7 个摄像头,按照安装的位置,分别分为前视、后视、侧视以及车内监控四大部分。目前来看,欧美国家的 ADAS 市场渗透率较高,在 8% 左右,而中国的渗透率较低,为 3% 左右。且欧美各国近期都纷纷出台强制安装 ADAS 系统的政策,未来 ADAS 系统的渗透率将会逐步提高。

2005—2015 年,年均复合增速 3%,预计未来仍以该速度增长,至 2020 年全球汽车产量可达亿辆,由此预估车用摄像头的市场规模到 2020 年可达亿美元。

ADAS 系统是无人驾驶的基础,未来随着 ADAS 系统技术的不断成熟,无人车也将会进入爆发式增长阶段。相比车感摄像头,激光雷达可以探测到更远的距离,对恶劣天气的适应性更强,因而成为无人车视觉系统的首选。未来随着激光雷达技术的不断发展,成本可进一步降低,对车感摄像头的替代效应也将凸显。

根据 BI Intelligence 预测,未来自动驾驶车辆(包括 L1 - L5)将会由 2016 年的 50 万辆增长至 2025 年的 2 200 万辆,其中不包括能够实现 L5 的全自动驾驶车辆,达到 L5 级别的全自动驾驶车辆预计将在 2025 年之后出现。由于激光雷达的价格较贵,假设只有高自动驾驶车才会安装,目前高端车占比市场总量的 4% 左右,保守估计,2017 年到 2025 年车用激光雷达的市场规模可以增长至 80 亿美元,年均复合增长率在 33% 左右。

2. 无人机和机器人领域的发展状况

无人机和机器人有着极其广泛的细分市场,包括消费者无人机、自动驾驶车辆、招待机器人、远程呈现等,预计无人机和机器人业每年将新增至少 10 种应用,带来约 10 亿美元的收入。具体到智能图像传感器在无人机领域的应用,目前主要是以相机模组的方式,搭载在无人机上,进行航拍或者地图测绘等。

3. AR(增强现实)和 VR(虚拟现实)领域的发展状况

AR 和 VR 的应用越来越广泛,应用领域包括音频、图像、存储器和处理器等,几乎可以涵盖了生活的方方面面。就近期而言,推动 AR/VR 发展的八大动力主要是游戏、现场活动、电影娱乐、保健、不动产、零售、工业以及军事,其初始驱动力来源于个人消费。高盛公司预计,2025 年 AR/VR 软件收入的 60% 将来源于个人,40% 源自于企业和公共部门,而推动 AR/VR 应用的三大动力主要是:用户体现、技术突破和内容的拓展。

相关机构预测,2016 年 - 2025 年,AR/VR 市场规模可从 40 亿美元增长至 800 亿美元,年均复合增速可达 40% ,其中硬件规模可由 20 亿美元增长至 420 亿美元。

9.6.3　智能图像传感器的技术现状及未来发展趋势

智能传感器的基本技术主要包括:功能集成化、人工智能材料的应用、微机械加工技术、三维集成电路、图像处理及 DSP(数字信号处理)、数据融合理论

（嵌入式数字成像技术）。有两种设计结构，分别是：数字传感器信号处理（DSSP）和数字控制的模拟信号处理（DCASP）。一般采用 DSSP 模式，通常至少包括两个传感器：被测量传感器（如图像传感器）和补偿传感器。传感信号经由多路调制器送到 A/D 转换器，然后再送到微处理器进行信号补偿和校正，测量的稳定性只能由 A/D 转换器的稳定性决定。

具有微米量级特征的微机处理系统（MEMS）传感器可以完成某些传统机械传感器所不能实现的功能。因此，MEMS 传感器正逐步取代传统机械传感器的主导地位，在消费电子产品、汽车工业、航空航天、机械、化工及医药等领域得到广泛的应用。

MEMS 传感器的门类品种繁多，目前压力传感器、加速度计和陀螺仪是 MEMS 器件应用最广泛的器件，MEMS 的市场总额为亿美元，其中压力传感器、加速度计和陀螺仪合计占比约45%。随着各国对 ADAS 系统的重视，以及无人驾驶的爆发，未来汽车电子市场的增长将会成为驱动 MEMS 市场增长的主要动力。

智能图像传感器涉及计算机、图像处理、模式识别、人工智能、信号处理、光机电一体化等多个领域，主要分为硬件系统和软件系统两大部分。硬件系统包含了处理器、存储器和控制器，软件系统主要包括各种驱动和算法。

目前，较为先进的应用主要有：激光雷达、3D 成像和传感技术、虹膜识别。

激光雷达的成像主要涉及以下几个主要部件：激光发射器、散射片、接收器、处理器、输出显示。其中，关键部件在于激光发射光系统和接收光系统。

发射光系统中的激光器的输出波长因工作物质的不同而不同，根据工作物质（气体、光纤、半导体、自由电子、液体激光器）、激励能源（光泵、电激励、化学式）以及输出的波长（红外激光器、紫外激光器和可见激光器）可以对激光器进行不同的分类。目前，主流激光器主要有固体 Nd：YAG 激光器、光纤激光器、半导体激光器等。

用于激光雷达系统的激光器关键技术指标在于光波可探测的距离。对于激光雷达来说，激光器发出光波越长，可探测距离就越长，而光波长度不仅取决于光波本身的特性，还取决于激光器的功率。一般而言，功率越高，光波可探测距离越长。

激光雷达接收器的作用在于将目标反射或者散射的激光回波信号转换为相应的电信号，主要由接收光学系统、光电探测器、前置放大器、主放大器和探测器偏压控制电路构成。就接收器使用的材料而言,主要是Ⅳ族中的Si、Ge和Ⅲ-V族的GaAs、InP等材料,但硅材料以其晶体完整性、大尺寸、优良的热学性能等以及硅微电子技术的成熟性等优势,广泛应用于目前的集成电路中。但具最新消息,Luminar公司即将推出的1 000台性能优越的激光雷达(40阵列、探测距离可达200m),所用激光接收器为InGaAs接收器。相比硅基的激光接收器,InGaAs接收器具有更高敏感性,但成本更高,未来随着成本降低,将会有越来越广泛的应用。

除了有可以接收直线光的接收器,还有另外一种接收光信号的形式,即Oryx独家开发的相干光雷达系统。不像激光雷达那样通过光电传感器来侦测光线粒子,该系统根据光的波粒二象性,以波的形式使用纳米天线来感知反射回来的信号(光)。

其原理是:用激光束照亮前方,用第二套光学仪器,将入射光导引到大量的微型整流纳米天线中。由于系统不需要机械镜面或一系列通道来引导激光、捕捉环境,只需要发出激光束来照亮前方,所以可大大降低成本。另外,系统所使用长波红外光被水吸收的比率很低,也很少受到太阳辐射的影响,所以不会在大雾或强光直射环境下失效。

激光雷达按有无机械旋转部件分类,可分为机械激光雷达和固态激光雷达;根据线束数量的多少,又可分为单线束激光雷达与多线束激光雷达。而未来,其发展方向将会从机械走向固态,从单线束走向多线束。

目前,激光雷达迟迟没有大规模应用的原因在于组装和调试成本高,为了实现激光在水平视角的360°扫描,需要为激光雷达安装机械旋转装置,而降低激光雷达成本的根本手段便是取消机械旋转结构。方法一:利用MEMS微振镜来控制激光的方向,把所有的机械部件集成到单个芯片;方法二:完全取消机械结构,采用相控阵列的原理实现固态激光雷达。光相控阵列的原理是:采用多个光源组成阵列,通过控制各光源发射的速度和时间差。目前,Quanergy公司的S3产品用的就是这一原理,成本可降低至250美元/台。

随着激光雷达技术的推进,微型化、低成本、高性能将成为必然趋势,固态激光雷达也将成为最终的激光雷达形式。全球现有的激光雷达的主要生产厂家。

3D成像能够识别视野内空间每个点位的三维坐标信息,从而使计算机得到空间的3D数据并能够复原完整的三维世界,实现各种智能的三维定位。目前,在高端市场,如医疗和工业领域的应用逐渐成熟,呈现出加速趋势。3D成像技术将是解决人机交互的突破口。

目前,主流的3D成像技术有3种。

(1)结构光(structure light)。具有特别结构的光投射特定的光信息到物体表面后,由摄像头采集。根据物体造成的光信号的变化来计算物体的位置和深度等信息,进而复原整个三维空间,以色列 PrimeSense 公司的 Light Coding 方案为其代表。Light Coding 发射940 nm 波长的近红外激光,透过 diffuser(光栅、扩散片)将激光均匀分布,投射在测量空间中,再透过红外线摄影机记录下空间中每个参考面上的每个散斑,形成基准标定。标定时取的参考面越密,测量越精确。获取原始数据后,IR 传感器捕捉经过被测物体畸变(调制)后的激光散斑 pattern。通过芯片计算,可以得到已知 pattern 与接收 pattern 在空间(x,y,z)上的偏移量,求解出被测物体的深度信息。

(2)飞行时间(time of flight,TOF)。通过专有传感器,捕捉近红外光从发射到接收的飞行时间,判断物体距离。TOF 的硬件实现方式和结构光类似,区别只在于算法上,结构光采用编码过的光 pattern 进行投射,而 TOF 直接计算光往返各像素点的相位差。

(3)双目测距(stereo system)。原理类似人的双眼,在自然光下通过两个摄像头抓取图像,通过三角形原理来计算并获得深度信息,目前的双摄像头就是双目测距的典型应用。

从技术角度来说,3D 成像并不是近年才出现的。2009 年,微软公司就已发布了基于3D 成像的游戏体感交互设备 Kinect,而 Google 的 Project Tango 也已提出了多年。3D 成像已经过了技术基础期,即将进入高速成长期。

虹膜识别是一种新兴的生物特征识别技术。通过采集虹膜图像,提取和比对虹膜纹理特征点之间的差别来识别身份,相比于传统的指纹、人脸等生物特征识别技术,具有唯一性、稳定性和高度的防伪性等优势。对比其他生物测定技术只能读取13～60 个特征点,虹膜测定技术可以读取266 个特征点,准确率高达99.29%。虹膜识别技术的过程一般来说包含如下4 个步骤:虹膜图像获取—图像预处理—特征提取—特征匹配。

虹膜识别系统自进入21 世纪之后开始大量应用于安防、监控、特种行业身份识别等领域,但由于其硬件的笨重和算法的低灵敏度,并没有突破消费级电子市场。直到2015 年5 月,日本手机厂商富士通发布了全球首款限量产虹膜识别智能手机 Arrows NXF-04G,才被人们认知。但相比目前的指纹识别,并没有得到广泛的应用,其原因在于以下三大挑战:虹膜算法、基于互联网的安全解决方案以及虹膜支付的生态建设。

同时,虹膜识别技术本身也存在着以下主要难题:图像难采集、睫毛和眼皮的遮掩、瞳孔弹性形变、头或眼球的转动带来虹膜旋转误差、戴眼镜的反光影响、不同摄像头设备带来图像质量的差异等。

最后,介绍一种融合智能传感器的 ADAS 解决方案(以 Mobileye 为例)。

ADAS 即是汽车驾驶辅助系统,Mobile eye 的 ADAS 系统主要有三大核心技术,分别是:传感器识别(sensing)、高精地图定位(mapping)和驾驶策略系统(driving policy)。

(1)传感器识别包括车辆搭载的所有传感器设备:摄像头、雷达、激光雷达、超声波传感器等。所有这些传感器所收集的信息,都将作为原始数据被传输到高性能计算机中并加以分析,为车辆建立环境模型(environmental model)。

Mobileye 的图像识别技术主要是基于 EyeQ 芯片技术的基础,研发单眼摄像头。EyeQ 芯片是 Mobileye 的核心技术,具备异构可编程性,用来支持包括机器视觉、信号处理、机器学习以及深度神经网络的部署。从 EyeQ5 开始,Mobileye 正式支持全自动驾驶标准的操作系统以及全套开源 SDK,用于开发者进行算法开发。Mobileye 下一步将布局三目摄像头识别以及传感器融合,完成 360° 全车周图像传感识别的覆盖。

(2)高精地图定位用于帮助车辆在整个路径规划中精确定位,提供无人驾驶系统安全冗余,高精度地图的车辆定位精确度达到了 10 cm,远高于 GPS 的定位精确度。Mobileye 推出道路体验管理系统(road experience management,REM),一个端到端地图和定位引擎。这个引擎包含 3 个主体:数据采集主体、地图整合服务器(云端服务器整合众包数据)、地图使用主体(无人驾驶车辆)。

数据采集主体采集包括车辆路径几何数据、静止路标等数据,然后 Mobileye 进行实时几何及语义分析,之后这些数据被封装为道路段数据(road segment data)并传送到云端服务器。云端服务器进行数据整合以及源源不断的 RSD 数据流量协调,最终打造出一张高精度、低反应时间的全球路书(Roadbook)地图。最后就是路书的本地化:让无人驾驶车辆能够使用这张路书地图,REM 会让车辆在路书地图中自动定位并根据实时更新来确保定位准确。

(3)驾驶策略系统是针对各种路况做出反应的决策系统。无人驾驶系统技术的难度在于路况的随机性。Mobileye 使用了一种深度学习方法——强化学习

（reinforcement learning）算法。主要基于一个模拟复杂驾驶环境的仿真平台，给定一个目标，让驾驶决策系统在模拟过程中自行试错调试，对正确的决策进行奖励，对错误的决策进行惩罚，从而实现自我学习和积累。

第10章　人工神经网及其深度卷积模型

在前面的章节中,我们深入讨论了利用亮度积分将物体的二维图像投影转为其三维立体模型的方法,仅就积分过程而言,算法类似于卷积方法。在信号处理领域,卷积曾经是最基础的算法,因其与傅立叶变换等相关数学转换方案相结合时,能产生意想不到的速度优化。而仅就数学工具而言,其计算方式与普通数值积分也有着异曲同工之妙,因此,事实上卷积模型和其引申出来的深度学习,究其原理,还是与亮度积分一脉相承,只不过多了一道手续,即积分的过程是认为当下物体左右对换,从而形成了一个所谓的"响应函数"。最后的卷积结果,就是多次与物体的原表面和周遭信息多次积分的加和,当然也就意味着多次进行重建工作。因为实际图像和其背景只有一个表面,从某种意义上说,这不过是多次重建所谓"事实依据"(ground truth)的一个过程,因此不应引入误差。当然,实际情况是卷积神经网并不是完全按照亮度积分构成的,所以在相当程度上仍然存在误差;而反过来想,如果卷积神经网完全按照亮度积分来构建,就会形成一个亮度积分网,尽管学习过程还会大量引入误差,但其结果基本接近亮度积分结果。就这个意义上说,传统人工神经网络的任何误差都会毫无疑问地被卷积神经网或者深度学习所继承,因此其经典的人工神经网络误差分析也依然适用。

卷积神经网络是近年来广泛应用于模式识别、图像处理等领域的一种高效识别算法,它具有结构简单、训练参数少和适应性强等特点。本章将从卷积神经网络的发展历史开始,详细阐述卷积神经网络的网络结构、神经元模型和训练算法。在此基础上以卷积神经网络在人脸检测和形状识别方面的应用为例,简单介绍卷积神经网络在工程上的应用,并给出设计思路和网络结构。

卷积神经网络是人工神经网络的一种,已成为当前语音分析和图像识别领域的研究热点,它的权值共享网络结构使之更类似于生物神经网络,降低了网络模型的复杂度,减少了权值的数量。该优点在网络的输入是多维图像时表现得更为明显,图像可以直接作为网络的输入,避免了传统识别算法中复杂的特征提取和数据重建过程。卷积网络是为识别二维形状而特殊设计的一个多层感知器,这种网络结构对平移、比例缩放、倾斜或者其他形式的变形具有高度不变性。

10.1　卷积神经网络的发展历史

1962 年,Hubel 和 Wiesel 通过对猫视觉皮层细胞的研究,提出了感受野(receptive field)的概念,1984 年日本学者 Fukushima 基于感受野概念提出的神经认知机(neocognitron)可以被视为卷积神经网络的第一个实现网络,也是感受野概念在人工神经网络领域的首次应用。

神经认知机将一个视觉模式分解成许多子模式(特征),然后进入分层递阶式相连的特征平面进行处理。它试图将视觉系统模型化,使其能够在即使物体有位移或轻微变形的时候,也能完成识别。

神经认知机能够利用位移恒定能力从激励模式中学习,并且可识别这些模式的变化形,在其后的应用研究中,Fukushima 将神经认知机主要用于手写数字的识别。随后,国内外的研究人员提出多种卷积神经网络形式,在邮政编码识别和人脸识别方面得到了大规模的应用。

通常神经认知机包含两类神经元,即承担特征抽取的 S - 元和抗变形的 C - 元。S - 元中涉及两个重要参数,即感受野与阈值参数,前者确定输入连接的数目,后者控制对特征子模式的反应程度。

许多学者一直致力于提高神经认知机的性能的研究:在传统的神经认知机中,每个 S - 元的感光区中由 C - 元带来的视觉模糊量呈正态分布。如果感光区的边缘所产生的模糊效果比中央来得大,S - 元将会接受这种非正态模糊所导致的更大的变形容忍性。

我们希望得到的是,训练模式与变形刺激模式在感受野的边缘与其中心所产生的效果之间的差异变得越来越大。为了有效地形成这种非正态模糊,Fukushima 提出了带双 C - 元层的改进型神经认知机。

Trotin 等人提出了动态构造神经认知机并自动降低闭值的方法,将初始态神经认知机各层的神经元数目设为零,然后对给定的应用找到合适的网络规模。在构造网络过程中,利用一个反馈信号来预测降低阈值的效果,再基于这种预测来调节阈值。

他们指出,这种自动阈值调节后的识别率与手工设置阈值的识别率相近。然而,上述反馈信号的具体机制并未给出,并且在后来的研究中,他们承认这种自动阈值调节是很困难的。

Hildebrandt 将神经认知机看作一种线性相关分类器,通过修改阈值使神经认知机成为最优的分类器。Lovell 应用 Hildebrandt 的训练方法却没有成功。对此,Hildebrandt 的解释是,该方法只能应用于输出层,而不能应用于网络的每一层。事实上,Hildebrandt 没有考虑信息在网络传播中会逐层丢失。

Van Ooyen 和 Niehuis 为提高神经认知机的区别能力引入了一个新的参数。事实上,该参数作为一种抑制信号,抑制了神经元对重复激励特征的激励。多数神经网络在权值中记忆训练信息。根据 Hebb 学习规则,某种特征训练的次数越多,在以后的识别过程中就越容易被检测。也有学者将进化计算理论与神经认知机相结合,通过减弱对重复性激励特征的训练学习,使网络注意那些不同的特征以助于提高区分能力。上述都是神经认知机的发展过程,而卷积神经网络可以被看作神经认知机的推广形式,神经认知机是卷积神经网络的一种特例。

卷积神经网络本身可采用不同的神经元和学习规则的组合形式。其中一种方法是采用 M-P 神经元和 BP 学习规则的组合,常用于邮政编码识别中。还有一种是先归一化卷积神经网络,再单独训练每个隐层得到权值,最后获胜的神经元输出活性,这个方法在处理二值数字图像时比较可行,但没有在大数据库中得到验证。第三种方法综合前两种方法的优势,即采用 McCulloch-Pitts 神经元代替复杂的基于神经认知机的神经元。在该方法中,网络的隐层和神经认知机一样,是一层一层训练的,但是回避了耗时的误差反向传播算法。这种神经网络被称为改进的神经认知机。随后,神经认知机和改进的神经认知机作为卷积神经网络的例子,广泛用于各种识别任务中,比如大数据库的人脸识别和数字识别。下面详细介绍卷积神经网络的原理,网络结构及训练算法。

10.2　卷积神经网络

10.2.1　网络结构

卷积神经网络是一个多层的神经网络,每层由多个二维平面组成,而每个平面由多个独立神经元组成。

网络中包含一些简单元和复杂元,分别记为 S-元和 C-元。S-元聚合在一起组成 S-面,S-面聚合在一起组成 S-层,用 Us 表示。C-元、C-面和 C-层(Us)之间同样存在类似的关系。网络的任一中间级由 S-层与 C-层串接而成,而输入级只含一层,它直接接受二维视觉模式,样本特征提取步骤已嵌入到卷积神经网络模型的互联结构中。

一般地,Us 为特征提取层,每个神经元的输入与前一层的局部感受野相连,并提取该局部的特征,一旦该局部特征被提取,它与其他特征间的位置关系也随之确定下来;Uc 是特征映射层,网络的每个计算层由多个特征映射组成,每个特征映射为一个平面,平面上所有神经元的权值相等。特征映射结构采用影响函数核小的 sigmoid( ) 函数作为卷积网络的激活函数,使特征映射具有位移不变性。此外,由于一个映射面上的神经元共享权值,因而减少了网络自由参数的个数,降低了网络参数选择的复杂度。卷积神经网络中的每一个特征提取层(S-层)都紧跟着一个用来求局部平均与二次提取的计算层(C-层),这种特有的两次特征提取结构使网络在识别时对输入样本有较高的畸变容忍能力。

网络中神经元的输出连接值符合"最大值检出假说",即在某一小区域内存在的一个神经元集合中,只有输出最大的神经元才强化输出连接值。所以当神经元附近存在输出比其更强的神经元时,其输出连接值将不被强化。根据上述假说,就限定了只有一个神经元会发生强化。

卷积神经网络的种元就是某 S-面上最大输出的 S-元,它不仅可以使其自身强化,而且还控制了邻近元的强化结果。因而,所有的 S-元渐渐提取了几乎所有位置上相同的特征。在卷积神经网络早期研究的占主导的无监督学习中,训练一种模式时需花费相当长的时间去自动搜索一层上所有元中具有最大输出的种元,而在现在的有监督学习方式中,训练模式同它们的种元皆由教师设定。

将原始图像直接输入到输入层(Uc1),原始图像的大小决定了输入向量的尺寸,神经元提取图像的局部特征,因此每个神经元都与前一层的局部感受野相连。

使用 4 层网络结构,隐层由 S-层和 C-层组成。每层均包含多个平面,输入层直接映射到 Us2 层包含的多个平面上。

每层中各平面的神经元提取图像中特定区域的局部特征,如边缘特征、方向特征等,在训练时不断修正 S-层神经元权值。

同一平面上的神经元权值相同,这样可以有相同程度的位移、旋转不变性。S-层中每个神经元局部输入窗口的大小均为 5×5,由于同一个平面上的神经元共享一个权值向量,所以可将一个平面到下一个平面的映射看作是做卷积运算,S-层可以看作是模糊滤波器,起到二次特征提取的作用。隐层与隐层之间的空间分辨率递减,而每层所含的平面数递增,这样可用于检测更多特征信息。

10.2.2　神经元模型

在卷积神经网络中,只有 S-元间输入连接是可变的,而其他元输入连接是固定的。用 $u_{sl}(k_l,n)$ 表示第 l 级、第 k_l 个 S-面上一个 S-元的输出,$u_{cl}(k_l,n)$ 表示在该级第 k_l 个 C-面上一个 C-元的输出。其中,n 是一个二维坐标,代表输入层中神经元的感受野所在的位置,在第一级,感受野的面积较小,随后随着 l 的增大而增加。

$$u_{sl}(k,n) = r_l(k)\phi\left[\frac{1 + \sum_{k_{l-1}}^{K_{l-1}}\sum_{v \in A_l} a_l(v,k_{l-1},k)u_{cl-1}(k_{l-1},n+v)}{1 + \frac{r_l(k)}{r_l(k)+1}b_1(k)u_{vl}(n)} - 1\right]$$

$$(10-1)$$

式 $(10-1)$ 中,$a_l(v,k_{l-1},k)$ 和 $b_l(k)$ 分别表示兴奋性输入和抑制性输入的连接系数;$r_l(k)$ 控制特征提取的选择性,其值越大,对噪声和特征畸变的容错性越差,它是一个常量,控制着位于每一 S-层处的单个抑制子平面中每个神经元的输入。$r_l(k)$ 的值越大,与抑制性成比例的兴奋性就越大,以便能产生一个非零输出。换句话说,就是相当好的匹配才能激活神经元,然而因为 $r_l(k)$ 还需要乘以 $\Phi(\ )$,所以 $r_l(k)$ 值越大就越能产生较大的输出。相反,小的 $r_l(k)$ 值允许不太匹配的神经元兴奋,但它只能产生一个比较小的输出;$\Phi(x)$ 为非线性函数。v 是一个矢量,表示处于 n 感受野中的前层神经元 n 的相对位置,A_l 确定 S 神经元要提取特征的大小,代表 n 的感受野。所以式中对 v 的求和也就包含了指定区域当中所有的神经元;外面对于 k_{l-1} 的求和,也就包含了前一级的所有子平面。因此在分子中的求和项有时也被称作兴奋项,实际上为乘积的和,输入到 n 的神经元的输出都乘上它们相应的权值然后再输出到 n_c。

$$\phi(x) = \begin{cases} x, x \geqslant 0 \\ 0, x < 0 \end{cases} \qquad (10-2)$$

式(10-2)表示的是指定某级(第1级)、某层(S-层)、某面(第 k_l 个S-面)、某元(向量为n处)的一个输出。对于一个S-元的作用函数可分为两部分,即兴奋性作用函数和抑制性作用函数。兴奋性作用函数能够使膜电位上升,而抑制性作用函数则具有分流作用。兴奋性作用函数如下。

$$\sum_{k_{l-1}}^{K_{l-1}} \sum_{v \in A_l} a_l(v, k_{l-1}, k) u_{cl-1}(k_{l-1}, n+v) \qquad (10-3)$$

S-元与其前一级C-层的所有C-面均有连接,所连接的C-元个数由该S-级的参数感受野 A_l 唯一确定。

网络中另一个重要的神经元是假设存在的抑制性神经元V-元 $u_{vl}(n)$,它位于 S -面上,满足以下3个条件:环元的抑制作用影响整个网络的运作;C-元与V-元间存在着固定的连接;V-元的输出事先设为多个C-元输出的平均值。可以用它来表示网络的抑制性作用,发送一个抑制信号给 $u_{cl}(k_l, n)$ 神经元,从与 $u_{sl}(k_l, n)$ 类似的元接收它的输入连接值,并有以下输出。

$$u_{vl}(n) = \left(\sum_{k_{l-1}}^{K_{l-1}} \sum_{v \in A_l} c_l(v) u_{cl-1}{}^2(k_{l-1}, n+v) \right)^{\frac{1}{2}} \qquad (10-4)$$

权 $c_l(v)$ 是位于V-元感受野中 v 处的神经元相连的权值,不需要训练这些值,但它们应随着 $|v|$ 的增加而单调减小。因此,选择式(10-5)的归一化权值。

$$c'_l = \frac{c_l}{C_r} \qquad (10-5)$$

式(10-5)中的归一化常量 C 由式(10-6)给出。其中,$c(v)$ 是从 V 处到感受野中心的归一化距离。

$$C(l) = \sum_{K_{l-1}}^{K_{l-1}} \sum_{v \in A_j} a_l{}^{r(v)} \qquad (10-6)$$

C 神经元的输出由式(10-7)给出。

$$u_d(k_l, n) = \psi\left[\frac{1 + \sum_{K_{l-1}=1}^{K_t} j_l(k_l, k_{l-1}) \sum_{v \in D_t} d_l(v) u_{st}(k_l, n+v)}{1 + V_{sl}(n)} - 1\right]$$

$$(10-7)$$

上式中 $\psi(x)$ 为

$$\psi(x) = \begin{cases} \dfrac{x}{\beta + x}, x \geqslant 0 \\[2mm] 0, x < 0 \end{cases}$$

$$(10-8)$$

式中，β 为一常量。

k_l 是第 L 级中的 S 子平面的数量。D_l 是 C-元的感受野。因此，它和特征的大小相对应，是固定兴奋连接权的权值，是 $|v|$ 的单调递减函数。

如果第 k_l 个 S 神经元子平面从第 k_{l-1} 子平面处收到信号，那么 $j_l(k_l, k_{l-1})$ 的值为 1，否则为 0。

最后，S-层的 V_s 神经元的输出如下。

$$V_{st} = \frac{1}{K_l} \sum_{K_{l-1}=1}^{K_{l-1}} \sum_{v \in V_t} dl(v) u_{sl}(k_j, n+v)$$

$$(10-9)$$

10.2.3　卷积网络的训练过程

神经网络用于模式识别的主流是有指导学习网络，无指导学习网络更多的是用于聚类分析。对于有指导的模式识别，由于任一样本的类别是已知的，样本在空间的分布不再是依据其自然分布倾向来划分，而是要根据同类样本在空间的分布及不同类样本之间的分离程度找一种适当的空间划分方法，或者找到一个分类边界，使得不同类样本分别位于不同的区域内。这就需要一个长时间且复杂的学习过程，不断调整用以划分样本空间的分类边界的位置，使尽可能少的样本被划分到非同类区域中。由于这里主要是检测图像中的人脸，所以可将样本空间分成两类：样本空间和非样本空间。因而此处所使用的学习网络也是有指导的学习网络。卷积网络在本质上是一种输入到输出的映射，它能够学习大量的输入与输出之间的映射关系，而不需要任何输入和输出之间的精确的数学表达式，只要用已知的模式对卷积网络加以训练，网络就具有输入输出对之间的映射能力。卷积网络执行的是有导师训练,所以其样本集是由形如(输入向量,理想输出向量)的向量对构成的。所有这些向量对,都应该是来源于网络即将模拟的系统的实际"运行"结果。它们可以是从实际运行系统中采集来的。在开始训练前,所有的权都应该用一些不同的小随机数进行初始化。"小随机数"用来保证网络不会因权值过大而进入饱和状态,从而导致训练失败;"不同"用来保证网络可以正常地学习。实际上,如果用相同的数去初始化权矩阵,则网络无能力学习。

训练算法主要包括 4 步,这 4 步被分为两个阶段。

第一阶段,向前传播阶段。

(1)从样本集中取一个样本,将 X 输入网络。

(2)计算相应的实际输出 O_p。

在此阶段,信息从输入层经过逐级的变换,传送到输出层。这个过程也是网络在完成训练后正常运行时执行的过程。在此过程中,网络执行的由式(10 - 7)计算。

$$O_p = F_n(\cdots(F_2((F_1(X_p W^{(1)})) W^{(2)}) \cdots) W^{(n)})$$

第二阶段,向后传播阶段。

(1)计算实际输出 O_p 与相应的理想输出 Y_p 的差。

(2)按极小化误差的方法调整权矩阵。

这两个阶段的工作一般应受到精度要求的控制。在这里,用式(10 - 10)计算 E_p。

作为网络关于第 p 个样本的误差测度,将网络关于整个样本集的误差测度定义如下。

$$E = \sum E_p, \quad E_p = \frac{1}{2} \sum_{j=1}^{m} (y_{pj} - o_{pj})^2 \qquad (10 - 10)$$

如前所述,之所以将此阶段称为向后传播阶段,是对应于输入信号的正常传播而言的。因为在开始调整神经元的连接权时,只能求出输出层的误差,而其他层的误差要通过此误差反向逐层后推才能得到。有时候也称之为误差传播阶段。为了更清楚地说明本文所使用的卷积神经网络的训练过程,首先假设输入层、中间层和输出层的单元数分别是 N、L 和 M。$X = (x_0, x_1, \cdots, x_N)$ 是加到网络的输入矢量,是中间层输出矢量,$Y = (y_0, y_1, \cdots, y_M)$是网络的实际输出矢量,并且用 $D = (d_0, d_1, \cdots, d_N)$ 来表示训练组中各模式的目标输出矢量,输出单元 i 到隐含单元 j 的权值是 V_{ij},而隐含单元 j 到输出单元 k 的权值是 W_{ij}。另外,用 θ_k 和 Φ_j 来分别表示输出单元和隐含单元的阈值。

于是,中间层各单元的输出为式(10 – 11)。

$$h_j = f\left(\sum_{i=0}^{N-1} V_{ij} x_i + \phi_j \right) \tag{10 – 11}$$

而输出层各单元的输出是式(10 – 12)。

$$y_k = f \sum_{j=0}^{L-1} W_u h_j + \theta_k \tag{10 – 12}$$

其中,$f(\ )$ 是激励函数,采用 S 型函数式(10 – 13)。

$$f(x) = \frac{1}{1 + e^{-kx}} \tag{10 – 13}$$

在上述条件下,网络的训练过程如下。

(1)选定训练组。从样本集中分别随机选取 300 个样本作为训练组。

(2)将各权值 V_{ij}, W_{jk} 和阈值 Φ_j, θ_k 置成小的接近于 0 的随机值,并初始化精度控制参数 ε 和学习率 α。

(3)从训练组中取一个输入模式 X 加到网络,并给定它的目标输出矢量 D。

(4)利用式(10 – 9)计算出一个中间层输出矢量 H,再用式(2.10)计算出网络的实际输出矢量 Y。

(5)将输出矢量中的元素 y_k 与目标矢量中的元素 d_k 进行比较,计算出 M 个输出误差项式 (10 – 14)。

$$\delta_k = (d_k - y_k) y_k (1 - y_k) \tag{10 – 14}$$

对中间层的隐单元也计算出 L 个误差项式(10 – 15)。

$$\delta_j = h_j (1 - h_j) \sum_{k=0}^{M-1} \delta_k W_{jk} \tag{10 – 15}$$

(6)依次计算出各权值的调整量式(10 – 16)和式(10 – 17)。

$$\Delta W_{jk}(n) = \left[\alpha / (1 + L) \right] \left[\Delta W_{jk}(n-1) + 1 \right] \delta_k h_j \tag{10 – 16}$$

$$\Delta V_{ij}(n) = [\alpha / (1+N)][\Delta V_{ij}(n-1) + 1]\delta_k h_j \qquad (10-17)$$

计算出阈值的调整量式(10-18)和式(10-19)。

$$\Delta \theta_k(n) = [\alpha / (1+L)][\Delta \theta_k(n-1) + 1]\delta_k \qquad (10-18)$$

$$\Delta \phi_j(n) = [\alpha / (1+L)][\Delta \phi_j(n-1) + 1]\delta_j \qquad (10-19)$$

(7)调整权值式(10-20)和式(10-21)。

$$W_{jk}(n+1) = W_{jk}(n) + \Delta W_{jk}(n) \qquad (10-20)$$

$$V_{ij}(n+1) = V_{ij}(n) + \Delta V_{ij}(n) \qquad (10-21)$$

调整阈值式(10-22)和式(10-23)。

$$\theta_k(n+1) = \theta_k(n) + \Delta \theta_k(n) \qquad (10-22)$$

$$\phi_j(n+1) = \phi_j(n) + \Delta \phi_j(n) \qquad (10-23)$$

(8)当 k 每经历 1 至 M 后,判断指标是否满足精度要求 $E \leqslant \varepsilon$,其中 E 是总误差函数,且 $E = \frac{1}{2} \sum_{k=0}^{M-1} (d_k - y_k)^2$。如果不满足,就返回步骤(3),继续迭代。如果满足,就进入下一步。

(9)训练结束,将权值和阈值保存在文件中。这时可以认为各个权值已经达到稳定,分类器形成。再一次进行训练时,直接从文件导出权值和阈值进行训练,不需要进行初始化。

10.2.4 卷积神经网络的优点

卷积神经网络 CNN 主要用来识别位移、缩放及其他形式扭曲不变性的二维图形。由于 CNN 的特征检测层通过训练数据进行学习,所以在使用 CNN 时,避免了显示的特征抽取,而隐式地从训练数据中进行学习;再者,由于同一特征映射面上的神经元权值相同,所以网络可以并行学习,这也是卷积网络相对于神经元彼此相连网络的一大优势。卷积神经网络以其局部权值共享的特殊结构在语音识别和图像处理方面有着独特的优越性,其布局更接近于实际的生物神经网络,权值共享降低了网络的复杂性,特别是多维输入向量的图像可以直接输入网络这一特点避免了特征提取和分类过程中数据重建的复杂度。

流的分类方式几乎都是基于统计特征的,这就意味着在进行分辨前必须提取某些特征。然而,显式的特征提取并不容易,在一些应用问题中也并非总是可靠的。卷积神经网络避免了显式的特征取样,隐式地从训练数据中进行学习。这使得卷积神经网络明显有别于其他基于神经网络的分类器,通过结构重组和减少权值将特征提取功能融合进多层感知器。它可以直接处理灰度图片,能够直接用于处理基于图像的分类。

卷积网络较一般神经网络在图像处理方面有如下优点:①输入图像和网络的拓扑结构能很好地吻合;②特征提取和模式分类同时进行,并同时在训练中产生;③权重共享可以减少网络的训练参数,使神经网络结构变得更简单,适应性更强。

10.3　卷积神经网络的应用

10.3.1　基于卷积网络的形状识别

物体的形状是人的视觉系统分析和识别物体的基础,几何形状是物体本质特征的表现,并具有平移、缩放和旋转不变等特点,所以在模式识别领域,对于形状的分析和识别具有十分重要的意义。二维图像作为三维图像的特例以及组成部分,是三维图像识别的基础。物体形状的识别方法可以归纳为如下两类。其中,第一类是基于物体边界形状的识别,这种边界的特征主要有周长、角、弯曲度、宽度、高度、直径等;第二类是基于物体所覆盖区域的形状识别,这种区域的特征主要有面积、圆度、矩特征等。上述两类方法都适用于物体形状的结构或区域的识别。卷积神经网络也是一种基于物体边界形状的识别,它可以识别封闭形状,同时对不封闭形状也有较高的识别率。

U_0 是输入层,U_{c4} 是识别层。U_s 为特征提取层,U_{s1} 的输入是光感受器的像素位图,该层只是提取一些相对简单的像素特征,随后几层的 S-元提取一些更为复杂的像素特征,随着层数的增加,提取的特征也相应递增。U_c 是特征映射层,提取高阶特征,提取这些高阶特征时不需要提取像简单特征那样的精确位置信息。

网络中 S-元的闭值是预先设定值,训练时权值的更新基于 Fukushima 提出的增强型学习规则,如式(10-10)所示,网络的训练方式采用的是无监督学习方式。

识别错误的原因是由于训练所用样本模式较少,不能覆盖所有圆形模式,以至该测试模式输入网络时,与之相近四边形模式获胜,最终得到错误输出结果。这里采用卷积神经网络进行形状识别目的主要是为验证卷积神经网络的模式识别能力,所以虽然采用样本图片较少,但已能说明卷积网络在形状识别时有较高的识别率和抗畸变性,而识别前车牌字符由于前期处理(定位、分割)能力局限性,具有一定的噪声和变形,因此可将卷积神经网络应用于车牌识别系统。

10.3.2 基于卷积网络的人脸检测

卷积神经网络与传统的人脸检测方法不同,它是通过直接作用于输入样本,用样本来训练网络并最终实现检测任务的。它是非参数型人脸检测方法,可省去传统方法中建模、参数估计以及参数检验、重建模型等一系列复杂过程。本文针对图像中任意大小、位置、姿势、方向、肤色、面部表情和光照条件人脸,提出了一种基于卷积神经网络(convolutional neural networks,简称 CNN)的人脸检测方法。一个输入层节点数为 400、输出层节点数为 2、4 层隐藏层的 CNN 网络。

输入、输出层的设计:卷积神经网络是一种分层型网络,具有输入层、中间层(隐含层)和输出层的 3 层结构。对于一个神经网络,中间层可以有两个以上,而具有一个中间层的神经网络则是一种基本的神经网络模型。实验表明,增加隐含层的层数和隐含层神经元的个数不一定能够提高网络的精度和表达能力。使用输入窗口的大小都是 20×20,这是通常能使用的最小窗口,这个窗口包含了人脸非常关键的部分。因此,可将输入层节点数设计为 400,对应于 20×20 图像窗口中按行展开的各个像素。考虑到本文将卷积神经网络用作分类器,其类别数为 2(即人脸和非人脸),所以输出层的节点数为 2。

隐藏层的设计:隐藏层为 4 层,分别是图像特征增强的卷积层、数据缩减的子抽样层和两个激活函数层。设计方法如下。

卷积层的设计:信号的卷积运算是信号处理领域中最重要的运算之一。比如,在图像处理、语音识别、地震勘探、超声诊断、光学成像、系统辨识及其他诸多信号处理领域中。卷积运算一个重要的特点就是,通过卷积运算,可以使原信号特征增强,并且降低噪声。在进行人脸检测时使用离散的卷积核,对图像进行处理。由于离散卷积核只需要进行优先次的加法运算,而且是整数运算,没有浮点运算,计算机可以迅速地计算出结果。本文选定的 4 个卷积核,分别为两个拉普拉斯算子和两个 Sobel 边缘算子。输入图像分别经过这 4 个卷积核的卷积得到 4 个 18×18 的待测图像。其中拉普拉斯算子是图像的整体特征增强。而 Sobel 边缘算子则强化了边缘特征。

子抽样层的设计:利用图像局部相关性的原理,对图像进行子抽样,可以减少数据处理量同时保留有用信息。本层把卷积层输出的 4 个图像作为输入,分别进行子抽样运算后输出 4 个 9×9 图像。而该图像保留了原图像的绝大部分有用信息。子抽样点的值是原图像相邻 4 个点的平均值。

激活函数层:本层分为两层激活函数层,第一层为通过与抽样层输出的 4 个图像分别进行全连结,得到 4 个中间输出;第二层为有 4 个中间结果连接的 4 个激活函数并与输出层连接,得出网络判断结果。这层有 $9 \times 9 \times 4 + 1 \times 4$ 个激活函数参数需要训练。

激励函数的选择:网络的拓扑结构和训练数据确定后,总误差函数就完全由激励函数决定,因此,激发函数的选择对网络的收敛性具有很重要的作用。对每一个人工神经元来说,它可以接收一组来自系统中其他神经元的输入信号,每个输入对应一个权。按照卷积网络算法的要求,这些神经元所用的激活函数必须是处处可导的。

在设计基于人工神经网络的分类系统中,不仅网络的结构设计非常重要,而且训练数据的收集也十分重要。在人脸检测系统中除了选择好的人脸样本,还要解决从大量非人脸图像中选择非人脸样本的问题。对于人脸样本图像还要进行一些预处理,以消除噪声和光线差异的影响。为了提高网络的健壮性,需要收集各种不同类型的人脸样本;为了得到更多的样本,并提高旋转不变性和亮度可变性的能力,还需要对初始人脸样本集中的部分图像进行一些变换。然后是关于非人脸样本的收集,这是基于神经网络检测方法中的一个难题,按照常用的 Bootstrap 处理方法,可以从大量的图像中收集这些边界样本,同时根据卷积神经网络的特点,做出一些改进,降低随机性,提高效率。在获得图像数据后,通过一些归一化和预处理步骤,减小图像噪声的影响并消除图像亮度及对比度的差异,提高数据的针对性和鲁棒性,得到统计的方法进行学习处理样本的最基本的特征向量,然后使用这些特征向量训练网络。

10.4　总结

本章首先阐述了卷积神经网络的原理。卷积神经网络是在神经认知机的基础上为了处理模式识别问题而提出的网络。此网络是多层的分级神经网络，每层的神经元都是相同类型的，或简单，或复杂，或是超复杂的神经元，在每层之间都有非常稀少并且固定模式的连接。另外，还介绍了基本的卷积神经网络结构及其神经元模型，接着讨论了卷积神经网络的训练过程，如果需要的特征已预先确定，那么就采用有监督算法，网络一层一层地学习，反之则进行无监督学习。最后，简要介绍了卷积神经网络在形状识别和人脸检测中的应用。

目前，卷积神经网络已经被应用于二维图像处理、模式识别、机器视觉、形状识别、智能交通等领域，并且能够很好地解决各个领域中的问题。

2015 年 10 月，举办了一场围棋的人机对决，但由于是闭门对弈，这场比赛的进行时可谓"悄无声息"。围棋，起源于中国，是迄今最古老的人类智力游戏之一。它的有趣和神奇，不仅因为规则简洁、优雅，玩法千变万化，而且还因为它是世界上最复杂的棋盘游戏之一，是当时唯一一个机器不能战胜人类的棋类游戏。那场对决的一方是三届欧洲围棋冠军的樊麾二段，另一方是 DeepMind 开发的阿尔法狗（AlphaGo）人工智能围棋系统，双方以正式比赛中使用的十九路棋盘进行了无让子的五局较量。赛后结局举世哗然：阿尔法狗以 5∶0 全胜的纪录击败樊麾二段，而樊麾二段则成为世界上第一个于十九路棋盘上被 AI 围棋系统击败的职业棋手。樊麾二段在赛后接受采访时谈到："如果不知道阿尔法狗是部计算机，我会以为对手是棋士，一名有点奇怪的高手。"霎时间消息不胫而走，媒体报道铺天盖地，莫非人类就如此这般轻易地丢掉了自己"尊严"？莫非所有棋类游戏均已输给 AlphaGo？当然没有。樊麾一战过后不少围棋高手和学界专家站出来质疑阿尔法狗取胜的"含金量"，为人类"背书"：此役机器仅仅胜了人类的围棋职业二段，根本谈不上战胜围棋高手，何谈战胜人类呢！就在人们一副淡定品论这次"小游戏"时，阿尔法狗正在酝酿着下一次"大对决"，因它即将在 2016 年 3 月迎战韩国籍世界冠军李世石九段。近十年来，李世石九段是夺取世界冠军头衔次数最多的超一流棋手，所以从严格意义上讲，那才是真正的"人机大战"。与上一次不同，2016 年 3 月的这次人机"巅峰对决"堪称举世瞩目、万人空巷。比赛前,有不少人唱衰阿尔法狗,特别是整个围棋界都投以鄙视的目光,基本上是希望阿尔法狗能赢一盘保住"面子"就善莫大焉了。但是随着比赛的进行,结果逐渐令人错愕。第一局李世石输了!"是不是李世石的状态不对,没发挥出真正的水平?"第二局李世石又输了!"阿尔法狗还是蛮厉害的啊。不过阿尔法狗大局观应该不行,李世石九段在这方面加强,应该能赢。"第三局李世石再次输了比赛,赛前对人类棋手乐观一派悲观至极。"完了!虽然比赛已输,但李世石九段怎么说也要赢一盘吧。"果然,第四局李世石神来一笔,终于赢了一盘,让人有了些许宽慰。但末盘阿尔法狗没有再给李世石机会,最终4:1 大胜人类围棋的顶级高手,彻底宣告人类"丧失"了在围棋上的统治地位。阿尔法狗迅速成为全世界热议的话题,在阿尔法狗大红大紫的同时,也让人们牢牢记住了一个原本陌生的专有名词——深度学习。什么是深度学习?比起深度学习,人们对"机器学习"一词更加耳熟能详。机器学习(machine learning)是人工智能的一个分支,它致力于研究如何通过计算的手段,利用经验来改善计算机系统自身的性能。通过从经验中获取知识,机器学习算法摒弃了人为向机器输入知识的操作,转而凭借算法自身来学习所需的知识。对于传统机器学习算法而言,"经验"往往对应以"特征"形式存储的"数据",传统机器学习算法所做的事情便是依靠这些数据产生模型。但是"特征"为何? 如何设计特征更有助于算法学到优质模型? 一开始人们通过"特征工程"形式的工程试错性方式来得到数据特征。可是随着机器学习任务的复杂多变,人们逐渐发现针对具体任务生成特定特征不仅费时费力,同时还特别敏感,很难将其应用于另一任务。此外对于一些任务,人类根本不知道该如何用特征有效表示数据。例如,人们知道一辆车的样子,但完全不知道怎样设计的像素值配合起来才能让机器"看懂"这是一辆车。这种情况就会导致若特征"造"得不好,最终学习任务的性能也会受到极大程度的制约。可以说,特征工程决定了最终任务性能的"天花板"。聪明而倔强的人类并没有屈服:既然模型学习的任务可以通过机器自动完成,那么特征学习这个任务自然完全可以通过机器自己实现。于是,人们尝试将特征学习这一过程让机器自动地"学"出来,这便是"表示学习"。表示学习的发展大幅提高了很多人工智能应用场景下任务的最终性能,同时由于其自适应性使得人工智能系统可以很快移植到新的任务上去。"深度学习"便是表示学习中的一个经典代表。深度学习以数据的原始形态作为算法输入,经过算法层层抽象,将原始数据逐层抽象为自身任务所需的最终特征表示,最后以特征到任务目标的映射作为结束,从原始数据到最终任务目标,"一气呵成"并无夹杂任何人为操作。相比传统机器学习算法仅学得模型这一单一"任务模块"而言,深度学习除了模型学习,还有特征学习、特征抽象等任务模块的参与,借助多层任务模块完成最终学习任务,故称其为"深度"学习。深度学习中的一类代表算法是神经网络算法,包括深度置信网络、递归神经网络和卷积神经网络等。特别是卷积神经网络,目前在计算机视觉、自然语言处理、医学图像处理等领域"一枝独秀",它也是本书侧重介绍的一类深度学习算法。有关人工智能、机器学习、表示学习和深度学习等概念间的关系可由韦恩图表示。虽说阿尔法狗一鸣惊人,但它背后的深度学习却是由来已久。相对今日之繁荣,它一路而来的发展不能说一帆风顺,甚至有些跌宕起伏。追根溯源,深度学习的思维范式实际上是人工神经网络,从古溯今,该类算法的发展经历了三次高潮和两次衰落。第一次高潮是 20 世纪 40 至 60 年代,广为人知的控制论。当时的控制论是受神经科学启发的一类简单的线性模型,其研究内容是用给定的一组输入信号 $x_1, x_2, \cdots, x_n$ 来拟合一个输出信号,所学模型便是最简单的线性加权 $f(x, \omega) = x_1\omega_1 + \cdots + x_n\omega_n$。显然,如此简单的线性模型令其应用领域极为受限,最为著名的是:它不能处理"异或"问题。首先,单层神经网络无法处理"异或"问题;其次,当时的计算机缺乏足够的计算能力满足大型神经网络长时间的运行需求。反向传播算法,解决了两层神经网络所需要的复杂计算量问题,同时克服了异或问题,自此神经网络"重获生机",迎来了第二次高潮,即 20 世纪 80 至 90 年代的连接主义。不过好景不长,受限于当时数据获取的瓶颈,神经网络只能在中小规模数据上训练,因此过拟合极大困扰着神经网络型算法。同时,神经网络算法的不可解释性令它俨然成为一个"黑盒",训练模型好比撞运气般,有人无视人工智能、机器学习、表示学习、深度学习和卷积神经网络之间的关系。讽刺的是它根本不是"科学"而是一种"艺术"。另外,加上当时硬件性能不足而带来的巨大计算代价使人们对神经网络望而却步,相反,如支持向量机等数学优美且可解释性强的机器学习算法逐渐变成历史舞台上的"主角"。短短 10 年,神经网络再次跌入"谷底"。

但可贵的是,仍有许多人在神经网络领域默默耕耘,可谓"卧薪尝胆"。一种称为"深度置信网络"的神经网络模型可通过逐层预训练的方式有效完成模型训练过程。很快,更多的实验结果证实了这一发现,更重要的是除了证明神经网络训练的可行性,实验结果还表明神经网络模型的预测能力相比其他传统机器学习算法更加显著。被冠以"深度学习"名称的神经网络终于可以大展拳脚。

　　许多著名的大型科技公司,如微软、百度、腾讯和阿里巴巴等纷纷第一时间成立了自己聚焦深度学习的人工智能研究院或研究机构。相信今后一定还有更多像"阿尔法狗"一样的奇迹发生。

第 11 章　降维空间

上一章我们提到数据在进行卷积后,实际上符合亮度积分的基本观点:一副图像中的物体,实际其三维立体模型是可以利用其明暗度的变化重建的,也被称为 2.5D 表面。这类深度图像的形成由于和积分相关,所以卷积部分可以表达这样一种方式,而其结果当然不甚精确,这就给降维空间的使用创造了条件,因为很多数据的抽象过程都含有大量噪声,在卷积后,数值噪声进一步放大。

利用降维数据,可以压缩数据主要分布,去除枝节数据带来的巨大噪声,以有效提高认知,或者识别,或者分类的能力。

11.1　非线性降维

通常我们所指的高维度数据,一般都是多于二维或者三维的,由于自然界中几乎找不到对应物,完全属于形式逻辑,因此难以理解,更难以表达。那么常用的思维方式是该数据曾经是建立在低维数据上的高维数据,因此有密切的相关关系。凡是这样的数据,我们都可以将其映射到低维度空间。当数据可以被映射到二维或三维的时候,则可以用图像来表达。

下面我们总结一下到目前为止最常用的非线性降维算法,其中大量的算法是由线性空间映射推衍的。

11.1.1　NLDR 的应用

数据一般会被表示为数据表,这样每一行可以表达一大批数据属性。当属性之间没有特别多的内在联系时,如果只关心主要数据对算法的影响,则给予那些"主要的"或者"重要的"数据一个机会,将别的数据省略。这样,我们就得到了"降维"数据。

132

现在我们来考虑一个具体的例子,比如我们有一个字母"A",该字母应该有各种方向上的图像表达。

假设每个图片为 32 像素宽、32 像素长,这样一共有 1 024 个像素组成了一个图像。现在如果将数据变成一个长列的向量,该向量为 1×1024 向量(汉明空间)。所谓内联(intrinsic) 属性可以看为两个(旋转和尺度变换)。此时如果我们对这类数据进行旋转和尺度变换,则大量的这些数据组成的新数据则可以看成是一个二维数据的变化结果,因此就可以压缩。

当我们用主成分分析(principal component analysis,简称 PCA) 将该数据变成压缩数据时,只考虑了图像数据密度,即有数据的地方(蓝色)和没有数据的地方(白色),所以数据的折叠(manifold)是有损的。

如果有个机器人不完全理解场景,而又需要大量处理周边的数据,则这类有损折叠可以有效地将本身的刚性变换(旋转和尺度变换)表达出来。所以,机器人可以较快地完成基本的判断。只是,这类有损压缩会损耗最重要的信息。由于数据不能被理解,于是压缩变成了为了压缩而压缩,为了折叠而折叠,从而使该方式反而不如某些 NLDR 的应用。

所谓"不变折叠",一般是指该变换可以在某种特定的算法下无损压缩数据。这一点非常吸引特殊算法的开发者。大多数算法开发者都把这种计算当成专利看待(不得不说,因其不属于自然科学范畴)。

下面我们列出了主要的已知 NLDR 算法。

11.1.2　Sammon's mapping

赛门映射(Sammon's mapping)是最早的和最通用的 NLDR 算法,这里不做详细介绍。有兴趣的读者可以自己找相关资料查询。

11.1.3　The Self-Organizing Map(SOM)

自组织神经网(the self-organizing map,简称 SOM)也叫科霍农映射(Kohonen map)。该算法是利用神经网络对应的概率模型,将数据重新进行线性加权映射,由于概率模型本身的学习完成都是非线性的,因此最后几乎与线性映射无关。该算法的主要功能就是保护其通用拓扑映射(generative topographic mapping,GTM)。数据点在压缩后进入隐含空间变成隐含变量,因此也叫这类算法模型为隐含变量模型(latent variable model,简称 LVM)。

11.1.4 kernel principal component analysis（KPCA）

目前使用最多的 NLDR 算法就是内核主分量分析算法（kernel principal component analysis，简称 KPCA）。该算法首先需要计算一个协方差矩阵。

$$C = \frac{1}{m} \sum_{i=1}^{m} x_i x_i^{\mathrm{T}} \qquad (11-1)$$

在 KPCA 算法中，会将以上协方差矩阵通过一个高维空间映射，将数据全部映射到高维空间中。

$$C = \frac{1}{m} \sum_{i=1}^{m} \Phi(x_i) \Phi(x_i^{\mathrm{T}}) \qquad (11-2)$$

这组数据就像 PCA 算法一样，会将前 k 个特征向量映射到新空间内。这种所谓"内核"映射是一种寻找数据的高维相关性操作。但非常不幸的是，这种映射是无法可视化的。而且，去寻找一个合理的"内核"也有无穷种选择，很难找到一个理性的映射。比如瑞士奶卷（Swiss roll manifold）在这类映射上几乎没有合理解算方式。但是，对于另外一类数据，如拉普拉斯特征映射（ laplacian eigenmaps，简称 LLE）则可以找到比较好的映射方式。

如果 KPCA 有内部模型，则压缩或者折叠就非常容易。

11.1.5 principal curves and manifolds

主曲线折叠（principal curves and manifolds）可以有效地对自然界的曲线如地理等高线等进行类似于 PCA 的折叠。不仅如此，这类方法对数据还能进行有效编码工作，以便将该类数据转为一个内嵌结构模型。

该算法首先由 Trevor Hastie 在其 1984 年的毕业论文中提出，正式的改进和标准化在 1989 年完成。这些想法被有效利用。其他一些研究人员对其"简单性"感到惊奇。由于折叠过的数据是离散化的，所以其"平滑性"遭到怀疑。一般来说，主成分折叠可以通用为优化算法的结果。目标函数通常包括数据的估计和约束条件。这类数据估计通常用线性 PCA 或者 Kohonen's SOM 产生。

11.1.6 拉普拉斯特征映射（Laplacian eigenmaps）

拉普拉斯特征映射（Laplacian eigenmaps）使用一种非常特殊的技术进行降维。这个技术强烈依赖于一个基本假设：低维度数据模型实际上已经被解压缩或者映射于高维度空间。这种算法不可能做非样本点嵌入,但是希尔伯特空间(Hilbert space)约束可以增加这种能力。这类方法被大量应用于非线性降维算法中,这也是拉普拉斯特征映射变得特别有名的主要原因。

传统的技术,比如 PCA,基本不能考虑数据本身的几何特征。而拉普拉斯特征映射对样本数据周边的信息也进行了建模,所以数据点在映射以后的相邻关系实际上在被映射的高维空间或者低维空间内保护了。这与 K – 近邻算法(the k-nearest neighbor algorithm)非常相似。

对目标函数(cost function) 的调整也能保证以上特点。

Laplace-Beltrami operator 特征向量函数(eigenfunctions)可以用作内嵌函数,利用可数数据基谱,能够完成平方积分。当数据趋近于无穷大的时候,特征映射有坚实的理论基础可以使一个拉普拉斯图矩阵(the graph Laplacian matrix) 收敛于 Laplace-Beltrami operator。

11.1.7　ISOMAP

ISOMAP 是一种利用 Floyd – Warshall 算法进行的标准多维度尺度变换(classic multidimensional scaling,MDS)。算法用对点数据距离矩阵来计算数据的空间布局。ISOMAP 假设数据位置只被相邻点知晓,用 Floyd-Warshall 算法来计算。

landmark-isomap 是该算法的变化算法。用标识点来减少数据计算速度,但计算结果经常不准确。在折叠降维学习(manifold learning)中,数据是假设由低维度数据嵌入到高维度空间内的。

11.1.8　locally linear embedding

本地线性嵌入(locally linear embedding,简称 LLE) 与 ISOMAP 大约同时出现。相较 ISOMAP 而言,LLE 算法能高速进行优化,并可以利用稀疏矩阵(sparse matrix)算法。LLE 容易找到每个点的近邻,计算相邻点的线性关系。最后,该算法用特征向量进行优化,找到降维后的映射,同时,LLE 并不保证任何正态分布的特点,不设立内部模型。为了在 X_j 基础上计算,LLE 计算 barycentric 坐标,并利用了一个邻居节点权重矩阵 W_{ij} 去计算重建损耗函数 $E(W)$。

$$E(W) = \sum_i \left| Y_i - \sum_j W_{ij} X_j \right|^2 \qquad (11 - 3)$$

权重 W_{ij} 是利用人工神经网络的点贡献来比较预计输出和实际输出。所以，利用约束让 W_i 之和为 1，且逼着非相邻节点的 W_{ij} 为 0。

$$\sum_j W_{ij} = 1 \qquad\qquad (11-4)$$

一开始的数据在 D 维度空间内收集，该算法的目的是需要将其维度降低到 d 维度。其中，算法关心的是被降维之后，是否还能完整地保持未被降维之前的空间特点。

$$C(Y) = \sum_i \left| Y_i - \sum_j W_{ij} Y_j \right|^2 \qquad\qquad (11-5)$$

在该函数中，权重实际上是被重新调整了。需要计算 $N \times N$ 特征向量，这类数据通常也可以再次由 K – 近邻算法收集，其中 K 使用刚才的对等相互测试（cross validation）完成。

11.1.9　Hessian locally linear embedding（Hessian LLE）

海森 LLE（Hessian locally linear embedding，Hessian LLE）实际上也需要稀疏矩阵，该方案的目的是为了给出一个比 LLE 更精确的结果（可以认为是分类，也可以认为是复原）。但是很显然计算复杂度更高，也不会内嵌模型。

11.2　非线性降维与流形学习

对高维数据集进行处理和表示是非常困难的。一种简化的方法是假设感兴趣的数据是一个在高维空间中嵌入的非线性流形。如果流形具有足够低的维数，那么这些数据集将能够在低维的空间中被可视化。

许多的非线性降维方法都与线性方法有着密切的关联。非线性方法可以被划 分为两类，其中一类的确是提供了一个映射（不论是从高维空间到低维嵌入还是反向 的），而另一类只是给出了一个可视化。核主元分析（kernel PCA）是提供从高维空间到嵌入空间映射的一种最直接的方法。这种方法利用 kernel trick 对线性主元分析进行非线性化。核主元分析将定义的核函数作为高维空间的内积，从而隐式地把原输入空间的数据投影到一个高维空间。低维的数据表示可以通过在核矩阵上进行特征值分解得到。自组织图及其概率变形（generative topographic mapping，简称 GTM）也可以看作一种基于流形的非线性降维。它们使用嵌入空间中的点来形成潜在变量模型，这个模型可以被看作流形的离散化表示。高斯模型潜在变量模型（ganssian process latent variable models, GPLVM）是一种概率化的非线性主元分析。与核主元分析类似，GPLVM 使用核函数以高斯过程的形式来构造映射。然而 GPLVM 中的映射是从嵌入空间输入数据空间的，与核主元分析的映射方向相反。主曲线（principal curves）和流形（manifolds）为非线性降维提供了一种自然的几何框架，并且通过显式地构建一个嵌入流形及其几何投影，扩展了原来主元分析的的几何解释。流形的复杂程度通常是由固有的维数或流形的光滑程度来衡量的。最近基于拓扑流形学的非线性方法成为新的研究热点，这些方法包括 Locally Linear Embedding（LLE）、Hessian LLE、Laplacian Eigenmaps 和 LTSA 等。这些方法使用了一个保留数据局部性质的代价函数，进而构造一个低维的数据表示。事实上这些方法可以被看作定义了一个基于图的（graph-based）核主元分析。因此，这些方法能够展开诸如 Swiss R0u 的非线性数据结构。还有一些方法是用邻居图来保留一些数据全局的性质，这些方法包括 ISOMAP 和 maximum variance unfolding 等。这些方法本质上都是基于一个相似矩阵（similarity matrix）或距离矩阵，因而可以被看作一类广义的度量多维尺度分析（metric multidimensional scaling）。它们的相互区别只在于如何计算相似矩阵。例如，ISOMAP 计算全局测地线距离，locally linear embedding 计算局部线性组合系数，maximum variance unfolding 计算局部邻居距离，等等。

11.2.1 主元分析算法

主元分析在数学上定义为一个正交的线性变换。这个变换将数据变换到一个新的坐标系统中，使对数据的任意投影的最大方差沿着第一个坐标轴（称之为第一个主元分量），并且第二大的方差方向在第二个坐标轴上，以此类推。主元分析在理论上是对已知数据在最小二乘意义下的最优变换。

主元分析可以被用于数据集的降维。保留低阶次主元分量并忽略高阶次的分量，降维过程保持了数据集中对其全局方差贡献最大的特征。这些低阶次分量常常包含数据中最重要的方面。然而对于不同的应用却并不总是如此。对于均值为零的数据矩阵 $X \in R^{d \times n}$（数据分布的经验均值已经被减去），其中每一列代表不同次数的实验读数 $x_i \in R$（$i = 1, \cdots, n$），主元分析变换由以下形式给出。

$$Y = U^T X = \Sigma V^T \qquad (11-6)$$

式中，$X = U\Sigma V^T$ 是 X 的奇异值分解（singular value decomposition，SVD）。一方面，主元分析区别于其他线性变换的主要特点就是它保留了最大方差的子空间。另一方面，主元分析也可以解释为这样一个投影矩阵，它最小化投影后的向量来重构原向量的重构误差。以上两种解释引出了主元分析的两种传统求解方法：迭代方法和协方差矩阵对角化方法。

（1）主元分析的迭代求解。假设零均值，数据集 X 的主元分量 U_1 定义如下。

$$u_1 = \arg \max_{\|u\|=1} \mathrm{var}\{u^T x X\} = \arg \max_{\|u\|=1} E\{(u^T X)^2\} \qquad (11-7)$$

式中，$\mathrm{var}\{\}$ 表示方差，$E\{\}$ 表示数学期望。当有了前 $k-1$ 个分量后，第 k 个分量可以通过从数据集 X 中减去前 $k-1$ 个主元分量。

$$\hat{X}_{k-1} = X - \sum_i u_i u_i^T X \qquad (11-8)$$

于是上述过程等价于对数据矩阵 X 进行奇异值分解 $X = U\Sigma V^T$，然后通过把 X 投影到前 L 个奇异值向量 U_L，得到缩减空间的数据矩阵。这里 X 的奇异值向量构成的矩阵 U 等价于协方差矩阵 $C = XX^T$ 的特征值向量所构成的矩阵（$XX^T = U\Sigma\Sigma^T U^T$）。

（2）主元分析的协方差矩阵求解。

已知输入数据矩阵 $X = \{x_1, \cdots, x_n\} \in R^{d \times n}$，其中 $x_i \in R (i = 1, \cdots, n)$。首先计算经验均值。然后计算所有数据点相对于均值的偏差，于是得到居中后的数据。

$$\overline{X} = X - m \cdot e^T \qquad (11-9)$$

式中，$e \in R^n$ 为元素全为 1 的向量。于是输入数据的经验协方差矩阵 C 可以由矩阵差与自己的外积计算得来。

$$C = E[\overline{XX^T}] = \frac{XX^T}{n} \qquad (11-10)$$

最后，对协方差矩阵 C 进行对角化。

$$C = UDU^T \qquad (11-11)$$

式中，D 是以 C 的特征值为对角元素的对角矩阵。这个步骤通常使用计算机求解，并且已经成为许多常用数学工具，是 MATLAB、Mathematica、SciPy 或 IDL（interactive data language）矩阵代数部分的必备模块。

（3）主元分析的性质与局限。主元分析理论上是一种最小均方误差意义下的最优线性体系,其目的是为了将一个高维向量集压缩到一组低维向量上,然后重构原来的向量集。它是一种非参数化的分析,其解是唯一的并且与任何关于数据概率分布的假设都无关。然而后面两个性质的不足与长处同样明显。由于是非参数的先验知识无法被加入进来,而且主元分析压缩常常导致信息的丢失,主元分析的可用性被推导过程中的假设所限制的。这些假设如下。线性假设:假设观察到的数据是一些基的线性组合。非线性的方法(如 kernel PCA)则不需要线性假设。均值和协方差统计学重要性假设:主元分析使用协方差矩阵特征向量,并且只能找到数据在高斯假设下的不相关的坐标轴。对于非高斯或者多模(multi – modal)高斯数据,主元分析仅仅是对那些坐标轴进行去相关(decorrelate)。由于主元分析不使用特征向量的类标签,因此它的主要局限是没有考虑类间的分离性。于是最大方差方向并不保证包含数据集中好的判别特征。假设大的方差具有重要的动力学信息:主元分析只是进行一个坐标旋转来使变换后的坐标轴与最大方差方向对齐。只有当我们相信观察到的数据具有较高的信噪比的时候,带有较大方差的主元分量才对应于感兴趣的动力学信息,而较小方差的分量对应于噪声。

11.2.2　流形学习

4 个合成数据集被用来评估本文提出的方法和几种相关方法的性能。这几种方法包括 linear PCA、ISOMAP、LLE 和 LTSA,并且使用它们已公布的代码。实验的目的是把每个原始为 3D 空间的数据集映射到一个 2D 平面。这里的几种合成数据集提供了评估算法嵌入性能的基准。由于输入输出数据维数都较低,因而它们可以容易地被可视化。

参考文献

［1］姚启钧.光学教程［M］.5 版.北京:高等教育出版社,2014.

［2］郭亦玲,沈慧君.物理学史［M］.2 版.北京:清华大学出版社,2005.

［3］陈毓芳,邹延肃.物理学史简明教程［M］.3 版.北京:北京师范大学出版社,2012.

［4］戴念祖.中国物理学史:古代卷［M］.南宁:广西教育出版社,2006.

［5］王国华.大学物理实验［M］.贵阳:贵州人民出版社,1987.

［6］李允中,潘维济.基础光学实验［M］.天津:南开大学出版社,1987.

［7］张广军.光电测试技术与系统［M］.北京:北京航空航天大学出版社,2010.